水素機能材料の解析

水素の社会利用に向けて

日本学術振興会
材料中の水素機能解析技術第190委員会 [編]

折茂慎一・犬飼潤治 [編著]

共立出版

執筆者一覧

折茂慎一	東北大学材料科学高等研究所／金属材料研究所	（はじめに）
大村朋彦	新日鐵住金株式会社	（1.1，2.1節）
湯川　宏	名古屋大学大学院工学研究科	（1.2，2.2節）
鈴木飛鳥	名古屋大学大学院工学研究科	（1.2，2.2節）
中村優美子	産業技術総合研究所	（1.3，2.3節）
犬飼潤治	山梨大学大学院総合研究部	（1.4，2.4節）
高井健一	上智大学理工学部機能創造理工学科	（3.1節）
阿部英司	東京大学大学院工学系研究科	（3.2節）
白井泰治	京都大学名誉教授／大阪大学名誉教授	（3.3節）
福谷克之	東京大学生産技術研究所	（3.4節）
大友季哉	高エネルギー加速器研究機構	（3.5節）
町田晃彦	量子科学技術研究開発機構	（3.5節）
池庄司民夫	東北大学金属材料研究所	（3.6節）
三輪和利	豊田中央研究所	（3.6節）

はじめに

「水素」を二次エネルギーとして社会で広く利用する機運が高まっている．最近では燃料電池自動車[1]や自立型水素エネルギー供給システム[2]が商用化されており，また水素の長距離・多量輸送を含めた水素エネルギーサプライチェーン[3]の構築に向けた取り組みなども進められている．様々な一次エネルギーから供給可能な二次エネルギーとしての水素の社会利用は，資源に乏しい日本におけるエネルギーセキュリティーの観点に加え，新たな産業の裾野を広げる観点からも極めて重要である．平成 26 年 6 月に策定（平成 28 年 3 月に改訂）された水素・燃料電池戦略ロードマップ[4]によれば，水素・燃料電池関連分野の市場規模は，2030 年に約 1 兆円，2050 年には約 8 兆円に達すると予測されている．

しかし，水素を安全かつ経済的に社会利用するために必要となる多様な材料に関わる基礎科学的な知見は，まだ多くが不足しているといえる．その一因は，材料中での水素の振る舞いや材料特性に対する水素の影響・効果などの「水素機能」を高精度かつ多面的に「解析」するための技術が確立されていないことにある．例えば，水素用構造材料に関しては，安全性の観点から規制範囲内での使用が義務づけられており，将来の規制緩和のために様々な技術的取り組みがなされているが，まずそのための高精度な解析技術が必要となる．また，水素透過・貯蔵材料あるいは燃料電池材料などに関しては，それらの特性を飛躍的に向上させるための多面的な解析技術も今後重要となる．言い換えれば，解析技術の確立により，これらの材料（本書では総称して「水素機能材料」と呼ぶ）などの研究開発と社会普及がいっそう進み，その結果，二次エネルギーとしての水素の「使いやすさ」が格段に向上するといえる．

---

[1] http://toyota.jp/mirai/, http://www.honda.co.jp/FCX/about-fuel/
　　http://www.nissan-global.com/JP/ENVIRONMENT/など
[2] https://www.toshiba-newenergy.com/
[3] http://www.khi.co.jp/hydrogen/
[4] http://www.meti.go.jp/press/2015/03/20160322009/20160322009-c.pdf

産業界からの要望や期待が大きいこの高精度かつ多面的な解析技術に関しては，単独の企業や研究機関の努力だけでは確立し難いのが現状である．それぞれの専門性が高く，また対象とする分野・現象・材料・製品も多岐にわたるからである．そこで，国内産業界・学界が協調すべき領域として情報を十分に共有し，産業界からの技術開発ニーズを学界の基礎研究シーズに反映した上で，現状と将来を総合的・俯瞰的に検討することが望まれている．

このような状況を鑑み，国内産業界・学界の協力を得て，国内第一線の関連技術者・研究者が広く参画できる公的委員会として，平成 27 年 4 月に日本学術振興会・産学協力研究委員会「材料中の水素機能解析技術第 190 委員会」を設置[5]，水素機能の本質的解明を目指した計測・計算両面での最先端の解析技術を構築するためプラットフォームを整備した．この委員会では，水素の製造や高純度化のための材料，水素の高密度化のための材料，水素に対する耐性のための材料，などを中心とする材料中の水素機能にかかわる解析技術を対象として，

- それぞれの計測技術の優位性・課題・今後の展開などの情報の共有
- より高精度・短時間での解析などを目指した複合的な計測技術の確立
- 計測技術の限界打破や可視化・予測化のための計算材料科学との融合
- 産業界が直面する課題解決のための新たな解析技術の提案・実証

などを進めている．これらの活動をとおして，水素の社会利用を促進し水素エネルギー社会の早期実現に貢献することが委員会の最終目標である．

本書は，この委員会の活動成果の一環として，各種の計測・計算に基づく水素機能材料の解析技術について以下の構成でまとめたものである．

まず第 1 章では，水素機能材料を水素用構造材料・水素透過材料・水素貯蔵材料・燃料電池材料の 4 つに分類してそれぞれに求められる特性を述べる．次に第 2 章では，水素機能材料の基本的な特性を解析するための技術をまとめる．第 1 章と第 2 章を対応させると以下のようになる：

- 水素用構造材料では「水素に長期間耐える」特性が求められており，そのために主に引張試験や疲労試験などの機械試験を中心に「高圧水素と液体水素にどの程度耐えうるか」の解析技術について述べる．

---

[5] https://www.jsps.go.jp/renkei_suishin/index.html
http://jsps190.imr.tohoku.ac.jp/

- 水素透過材料では「水素が自由に通り抜ける」特性が求められており，「水素はどのように通り抜けるか」の解明も目指した水素透過能の解析技術について述べる．
- 水素貯蔵材料では「水素がたくさん貯まる」特性が求められており，「水素がどのように貯まるか」という視点での水素貯蔵特性やそのメカニズムを解明するための解析技術について述べる．
- 燃料電池材料では「水素でクリーンに発電する」特性が求められており，固体高分子型燃料電池の内部での水素の可視化も含めて「水素は発電中にどうなっているか」を探るための解析技術について述べる．

さらに第3章では，水素機能材料をより詳細に解析するための計測・計算技術について詳述する：

- 「水素の存在状態を調べる」ための昇温脱離による解析
- 「水素を直接見る」ための電子顕微鏡による解析
- 「ナノ欠陥と水素との関係を調べる」ための陽電子消滅による解析
- 「表面での水素の出入りを調べる」ためのイオンビーム・電子ビームによる解析
- 「水素の配置と結合性を調べる」ためのX線・中性子線による解析
- 「水素の特性を理解・予測する」ための計算科学による解析

また各章末には，関連する主要文献もまとめられているので参考にしていただきたい．

各著者が述べているように，水素機能材料の解析は未解決課題も多く残されている研究・技術分野ではあるが，その最先端を本書で俯瞰していただけるので，基礎科学の観点から水素の「使いやすさ」の向上と社会利用の拡大に貢献することを期待したい．

最後に，本書刊行にあたり，学振190委員会の産業界・学界委員の皆様方，執筆者の皆様方，そして終始ご尽力いただいた山梨大学・犬飼潤治教授および共立出版編集部に深くお礼申し上げる．

2017年11月

「材料中の水素機能解析技術第190委員会」委員長

東北大学・折茂慎一

目　　次

第 1 章　水素機能材料に求められる特性 ････････････････････････････ 1

1.1　水素用構造材料　―水素に長期間耐える― ･･････････････････ 1

　　1.1.1　はじめに ･･ 1

　　1.1.2　高圧水素用材料の種類 ････････････････････････････ 1

　　1.1.3　水素用構造材料に求められる特性 ･･････････････････ 2

　　1.1.4　おわりに ･･ 3

1.2　水素透過材料　―水素が自由に通り抜ける― ････････････････ 3

　　1.2.1　はじめに ･･ 3

　　1.2.2　水素透過材料の種類と透過反応機構 ････････････････ 4

　　1.2.3　金属系の水素透過材料に求められる特性 ････････････ 5

　　1.2.4　金属系の水素透過材料の用途・応用 ････････････････ 6

　　1.2.5　おわりに ･･ 6

1.3　水素貯蔵材料　―水素がたくさん貯まる― ･･････････････････ 7

　　1.3.1　はじめに ･･ 7

　　1.3.2　水素貯蔵材料の種類と貯蔵機構 ････････････････････ 8

　　1.3.3　水素貯蔵材料に求められる特性 ････････････････････ 9

　　1.3.4　おわりに ･･ 10

1.4　燃料電池材料　―水素でクリーンに発電する― ･･････････････ 10

　　1.4.1　はじめに ･･ 10

　　1.4.2　固体高分子形燃料電池の構造と発電機構 ････････････ 11

　　1.4.3　固体高分子形燃料電池材料に求められる特性 ････････ 12

　　1.4.4　おわりに ･･ 12

文　　献 ･･ 12

第2章　水素機能材料の特性を引き出す解析 ················· **15**

2.1　水素用構造材料　—高圧水素と液体水素にどの程度耐えうるか—　· 15

　　2.1.1　はじめに ··· 15

　　2.1.2　高圧水素用材料 ······································· 15

　　2.1.3　液体水素用材料 ······································· 21

　　2.1.4　おわりに ··· 24

2.2　水素透過材料　—水素はどのように通り抜けるか— ··········· 24

　　2.2.1　はじめに ··· 24

　　2.2.2　測定方法 ··· 24

　　2.2.3　解析方法 ··· 27

　　2.2.4　おわりに ··· 35

2.3　水素貯蔵材料　—水素はどのように貯まるか— ··············· 35

　　2.3.1　はじめに ··· 35

　　2.3.2　熱力学的特性 ··· 36

　　2.3.3　水素吸蔵・放出速度とサイクル特性 ··················· 43

　　2.3.4　おわりに ··· 45

2.4　燃料電池材料　—水素は発電中にどうなっているか— ·········· 46

　　2.4.1　はじめに ··· 46

　　2.4.2　触媒表面 ··· 46

　　2.4.3　電解質膜 ··· 49

　　2.4.4　燃料電池ガス流路 ····································· 53

　　2.4.5　おわりに ··· 56

文　　献 ··· 57

第3章　多面的な水素の解析
　　　　　—水素機能材料のさらなる高度化を目指して— ·············· **61**

3.1　昇温脱離による解析　—水素の存在状態を調べる— ············· 61

　　3.1.1　はじめに ··· 61

　　3.1.2　原理と装置 ··· 61

　　3.1.3　水素の存在状態 ······································· 69

　　3.1.4　欠陥検出 ··· 74

	3.1.5	水素の存在位置解析 ・・・・・・・・・・・・・・・・・・・・・ 76
	3.1.6	おわりに ・・・・・・・・・・・・・・・・・・・・・・・・・・・ 76

3.2 電子顕微鏡による解析 —水素を直接見る— ・・・・・・・・・・・ 78
　　3.2.1 はじめに ・・・・・・・・・・・・・・・・・・・・・・・・・・ 78
　　3.2.2 原理と装置 ・・・・・・・・・・・・・・・・・・・・・・・・・ 78
　　3.2.3 結晶中水素原子の観察 ・・・・・・・・・・・・・・・・・・・ 85
　　3.2.4 おわりに ・・・・・・・・・・・・・・・・・・・・・・・・・・ 89

3.3 陽電子消滅による解析 —ナノ欠陥と水素との関係を調べる— ・・ 90
　　3.3.1 はじめに ・・・・・・・・・・・・・・・・・・・・・・・・・・ 90
　　3.3.2 原理と装置 ・・・・・・・・・・・・・・・・・・・・・・・・・ 91
　　3.3.3 結晶格子欠陥 ・・・・・・・・・・・・・・・・・・・・・・・・ 96
　　3.3.4 水素吸蔵に伴う結晶格子欠陥形成 ・・・・・・・・・・・・・ 101
　　3.3.5 水素化に伴う原子空孔形成機構 ・・・・・・・・・・・・・・ 105
　　3.3.6 おわりに ・・・・・・・・・・・・・・・・・・・・・・・・・ 107

3.4 イオンビーム・電子ビームによる解析
　　 —表面での水素の出入りを調べる— ・・・・・・・・・・・・・・・ 108
　　3.4.1 はじめに ・・・・・・・・・・・・・・・・・・・・・・・・・ 108
　　3.4.2 原理 ・・・・・・・・・・・・・・・・・・・・・・・・・・・ 109
　　3.4.3 装置と分解能・感度 ・・・・・・・・・・・・・・・・・・・ 114
　　3.4.4 核反応による実験例—Pd 表面での水素吸放出 ・・・・・・・・ 116
　　3.4.5 おわりに ・・・・・・・・・・・・・・・・・・・・・・・・・ 120

3.5 X 線・中性子線による解析 —水素の配置と結合性を調べる— ・・ 121
　　3.5.1 はじめに ・・・・・・・・・・・・・・・・・・・・・・・・・ 121
　　3.5.2 原理と装置 ・・・・・・・・・・・・・・・・・・・・・・・・ 122
　　3.5.3 散乱と回折 ・・・・・・・・・・・・・・・・・・・・・・・・ 123
　　3.5.4 全散乱法 ・・・・・・・・・・・・・・・・・・・・・・・・・ 125
　　3.5.5 X 線吸収微細構造測定による物質の局所構造解析 ・・・・・・ 128
　　3.5.6 おわりに ・・・・・・・・・・・・・・・・・・・・・・・・・ 133

3.6 計算科学による解析 —水素の特性を理解・予測する— ・・・・・・ 134
　　3.6.1 はじめに ・・・・・・・・・・・・・・・・・・・・・・・・・ 134
　　3.6.2 電子状態計算と分子動力学の原理 ・・・・・・・・・・・・・ 135

目　次

3.6.3　結晶構造 ……………………………………… 138

3.6.4　格子振動の予測と赤外吸収・Raman 散乱 …………… 140

3.6.5　零点エネルギーを考慮した水素化反応の生成熱 ……… 142

3.6.6　拡散, イオン伝導 ……………………………… 143

3.6.7　吸着, 触媒, 化学反応 …………………………… 144

3.6.8　水素の量子化 …………………………………… 145

3.6.9　おわりに ………………………………………… 146

文　　献 ……………………………………………… 148

索　　引 ……………………………………………… **155**

第1章

水素機能材料に求められる特性

1.1　水素用構造材料　―水素に長期間耐える―

1.1.1　はじめに

　水素を多量に輸送し，貯蔵するには，圧縮された高圧の水素ガス，または極低温の液体水素を使う方法が一般的である．水素を動力源とする燃料電池自動車や，燃料電池自動車に水素を供給する水素ステーションの多くが，高圧水素ガスもしくは液体水素を用いている．水素用構造材料とは，これらの高圧や液体の水素を輸送・貯蔵するための材料を指す．本節ではその種類と求められる特性を概説する．

1.1.2　高圧水素用材料の種類

　高圧の水素ガスを輸送・貯蔵する機器は，配管やバルブ類，燃料電池自動車に搭載される高圧の水素ガスを充塡したタンク，水素ステーションに設置される高圧水素ガスを貯蓄する容器（蓄圧器）などである．燃料電池自動車，水素ステーションのいずれも，最大で約800気圧の高圧の水素ガスを扱う．これらの機器の多くに金属材料（鉄鋼材料や非鉄金属）が，一部に樹脂材料や炭素繊維が用いられる．

　鉄鋼材料は機械的特性，コスト，リサイクル性に優れ，広く用いられている．その多くは炭素を含むことで強度を高めた炭素鋼であるが，合金元素（Mn，Cr，Mo など）が添加された，低合金鋼も多く用いられる．炭素鋼や低合金鋼は体心立方（bcc: body centered cubic）結晶構造を持ち，後述のように，水素の影響により強度，延性，疲労特性が低下しやすい．蓄圧器には低合金鋼が多く用いられるが，材料の強度や疲労寿命，負荷荷重に基づき，水素の影響を受けにくい安全な条件で使用されている．オーステナイ

1

ト系ステンレス鋼は一般に耐食材料として使われるが，面心立方（fcc: face centered cubic）結晶構造を持ち，水素ガスの影響を受けにくい．高圧ガス保安法の中の例示基準では，日本工業規格（JIS）に定められる SUS316L などが水素用の推奨材料とされている．しかし，同じ JIS の 300 番台のステンレス鋼である SUS304 系は，塑性変形により bcc 構造相（マルテンサイト相）を生じ，水素の影響を受けやすい．

鉄鋼材料以外で高圧水素用途に使われる金属は Al 合金であり，高圧ガス保安法の例示基準でも推奨材料とされている．Cu 合金も水素の影響を受けにくい．これらの金属は fcc 結晶構造を持ち，かつ水素をほとんど吸収しない．

炭素繊維は強度が高く水素の影響も受けないが，直接水素に触れる使い方はされない．水素ガスに触れる内層材（ライナー）に金属材料（低合金鋼，ステンレス鋼，Al 合金）を用いて，その外面に炭素繊維強化プラスチック（CFRP: carbon fiber reinforced plastic）を巻いて耐圧性を持たせた複合容器が，車載用水素タンクや水素ステーション用蓄圧器として使われている．

一方，液体の水素は −253℃ という極低温であり，これを貯蔵する材料が液体水素用材料である．液体水素用材料は，後述のように低温脆化に対する耐久性の観点から限定され，オーステナイト系ステンレス鋼が用いられる．

1.1.3 水素用構造材料に求められる特性

金属材料が高圧の水素ガスに曝されると，延性や強度などの機械的特性が低下することがある．この現象は水素環境脆化または水素ガス脆化と呼ばれる，水素による金属材料の脆化（水素脆化 [1,2]）の一種である．高圧水素用材料には，水素ガス脆化に対する耐久性が求められる．

水素ガス脆化の機構を模式的に図 **1.1** に示す．金属材料の表面に吸着した水素分子が水素原子に解離し，材料中に侵入する．侵入した水素は材料の強度や延性を低下させ，引張応力下で割れ（き裂）を発生させる．応力やひずみが集中したき裂の先端部には水素原子が集積し，き裂をさらに進展させ，場合によっては構造物の破壊に至る．水素の作用機構については諸説が提唱されているが，水素が原子間の結合力を弱める，水素がひずみの運動に影響を与える，水素が空隙（空孔性欠陥）の生成を促進する，などが報告さ

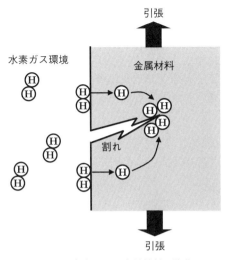

図 1.1　水素による金属材料の脆化.

れている．詳しくは既報を参照されたい[1,2].

　液体水素温度では水素の拡散は起こらず，水素ガス脆化の心配はない[3]．一方，金属材料は低温ほど延性が低下して脆性的に破壊しやすくなる．これを低温脆化と呼ぶ．液体水素用材料には低温脆化に対する耐久性が求められるが，液体水素温度（−253℃）では，ほとんどの材料で破壊に対する抵抗性（破壊靭性）の確保が困難となる．その中でもオーステナイト系ステンレス鋼が使用に耐えることが報告されている[4].

1.1.4　おわりに

　高圧水素，液体水素を輸送・貯蔵する金属材料は，水素ガスによる脆化や低温脆化の観点から限定されている．2.1 節で，これらの材料の評価法を紹介する．

1.2　水素透過材料　—水素が自由に通り抜ける—

1.2.1　はじめに

　水素透過材料は，「水素のみを選択的に透過する材料」である．その機能を活かして，燃料電池等に使用される高純度水素を分離・精製するための

「膜（membrane）」を主な用途として研究が進められている．本節ではその水素透過反応機構，求められる特性，応用例を概説する．

1.2.2 水素透過材料の種類と透過反応機構

水素透過膜は，多孔質膜と金属膜の2種類に大別できる．どちらにおいても，膜の両側に水素分圧の差を与えることで，高圧側から低圧側へ水素が透過する．しかしながら，多孔質膜と金属膜ではその水素透過反応機構が大きく異なる．

多孔質膜では，微細な"孔"を水素が透過する．このとき，水素以外の不純物ガスも孔を通ることができるが，分子サイズの小さい水素の方が透過する速度が大きい．すなわち，多孔質膜は分子の孔の通りやすさの差を利用する，いわば分子ふるいである．しかしながら，得られる水素の純度と水素透過速度の2つの特性を両立できないという欠点がある．これは，水素の選択性を向上させるために孔を微細化すると，水素も通りにくくなるためである．

一方，金属系の水素透過膜は細孔のない緻密な金属の膜である[5]．その水素透過反応機構の模式図を図 1.2 に示す．金属膜では，原子状に解離した水素が金属中に溶解・拡散し，再び分子に戻ることで透過する．このとき，水素は不純物に比べて金属中への溶解度や拡散速度が非常に大きいため，実質的には水素のみが透過する．すなわち，金属膜は水素原子の金属への溶解のしやすさと拡散の速さを利用する，いわば原子レベルのフィルタ

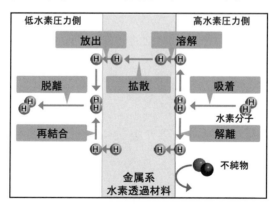

図 1.2　金属系水素透過材料における水素透過反応の模式図．

である．こうした反応機構から，原理的に限りなく100%に近い高純度水素を得ることができる．また，水素透過速度に関しても，比較的孔の大きい（水素透過速度は大きいが，水素の選択性に乏しい）多孔質材料と同程度である．すなわち，金属膜では水素の純度と透過速度を両立することができる．

代表的な金属系の水素透過材料はPdであり，PdにAgやCuなどを添加した合金も知られている[5]．しかしながら，Pdが高価な金属であることから，新規の非Pd系水素透過材料が必要とされている．そこで，Pdよりも安価で水素透過速度の大きいV，Nb，Ta，Zrなどをベースとする合金が開発されている[5,6]．

1.2.3　金属系の水素透過材料に求められる特性

金属系の水素透過材料では，水素の選択性に関しては十分に高い．したがって，特に求められる特性は，水素透過速度と機械的性質である．

水素透過速度に関しては，その値が大きいだけでなく，長時間にわたって低下しないことが重要である．水素透過速度の値が時間とともに低下する要因は主に2つ存在する．1つは不純物による金属表面の被毒である．もう1つは，非Pd系の膜の場合に限られるが，表面触媒層と基材との相互拡散（interdiffusion）である[7]．非Pd系合金膜では，図1.2に示した水素の解離や再結合などの表面反応を促進させるために，表面にPdまたはPd系合金を薄く（数百nm程度）被覆する．このとき，材料を高温で使用することで，表面のPd層と基材層の間で金属原子の相互拡散が起こり，水素透過速度が低下することが知られている．こうした水素透過速度の劣化は将来的に改善すべき課題である．

また，機械的性質に関しては，特に水素雰囲気下における強度が重要である．水素透過中では，水素が金属中に固溶することで機械的性質が低下する水素脆化が起こる可能性がある．したがって，水素雰囲気中で水素脆化を起こさず，圧力差や水素固溶による膨張に耐えうる材料であることが求められる．

このように，水素透過材料には多くの特性が求められるが，これらを兼ね備えた新規材料が生み出されつつある[6]．

第1章 水素機能材料に求められる特性

1.2.4 金属系の水素透過材料の用途・応用

金属系の水素透過材料は水素の選択性が非常に高いため，その他の方法では精製が困難な "超" 高純度水素を得るために使用されている[8]．例えば，半導体材料の製造におけるキャリアガスに用いられる高純度水素では，半導体への不純物の混入を防ぐため，99.99999 % 以上の純度が求められる[6]．こうした "超" 高純度水素であっても，金属系の水素透過材料を用いることで，効率的に精製できる．

また，水素透過材料を活用することで水素製造の "効率を上げる" ことができる．例えば「メンブレンリアクタ（またはメンブレンリフォーマ）」による水素製造がある[6]．水素は自然界に単体では存在しないため，化学反応によって合成する必要がある．このとき，いかなる化学反応であっても，水素生成の効率は平衡定数（equilibrium constant）によって決まってしまう．そこでメンブレンリアクタでは，水素製造反応と水素透過膜による分離・精製プロセスを一体化し，生成した水素をその場で反応系の外に分離する．このとき，反応系内の水素が減少することで，Le Chatelier の原理により化学平衡が水素生成側へシフトするため，より高い反応効率を得ることできる．これを利用すると，反応場の温度を下げることも可能になる．また，水素を製造しながらその場で高純度化するため，高純度水素製造装置をシンプルかつコンパクトにすることもできる．

さらに，水素透過材料は水素の高純度化以外の目的にも利用されている．例えば，アルミ電解コンデンサなどの電気化学素子には，素子容器内で水素ガスが発生するものがある．この水素が時間をかけて蓄積すると，内圧が上昇して素子容器が破裂するなどの危険性がある．そこで，内部で発生する水素を "逃がす" ための弁として水素透過材料が利用されている[9]．このとき，水素透過材料は水素しか透過しないため，単に水素を逃がすだけでなく，内部からの電解液の漏出や外部からの不純物の侵入を防ぐこともできる．

1.2.5 おわりに

水素透過材料の種類，水素透過反応機構，求められる特性，主な用途について概説した．水素の選択性に優れる金属系の水素透過材料は水素の高純度

6

化以外にも様々な用途に適用されている．ここで挙げた用途以外にも，その機能を活かした新たな応用が生まれることが期待される．特性に関しては，高い水素透過速度がまず求められる．金属膜における水素透過速度の測定方法および解析方法については，2.2 節で詳しく述べる．また，水素透過速度の"耐久性"も重要な課題である．表面被毒や相互拡散などの機構や要因を解明し，長期間使用できる水素透過材料を開発していくことが求められる．また，高純度水素の製造に関しては，実用化に向けて膜の大面積化とモジュール化が必要であり，産学連携によるものづくりが期待される．

1.3 水素貯蔵材料 ―水素がたくさん貯まる―

1.3.1 はじめに

水素をエネルギー源として利用する水素エネルギー社会を実現するため不可欠な技術の 1 つに水素貯蔵技術が挙げられる[10,11]．水素は常温常圧では気体であるため，体積あたりのエネルギー密度はガソリンの約 3000 分の 1 と著しく低い．したがって，水素をエネルギー媒体として利用するためには，いかに貯蔵密度を高めるかが重要な課題となる．さらに，水素を我々の生活に近い場で利用できるようにするためには，安全性も担保されなくては

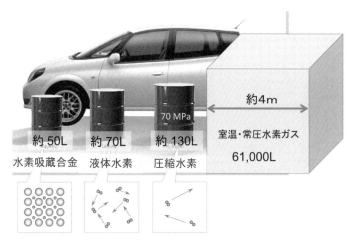

図 1.3　5 kg の水素の貯蔵に必要な体積の比較（文献[15] の Figure 1 をもとにデータを加えて作成）．

第 1 章 水素機能材料に求められる特性

ならない.

そこで，高圧や極低温を使わずに，より安全かつコンパクトに水素を貯蔵するための手法として，水素貯蔵材料の利用が期待される（図 1.3）．水素貯蔵材料とは，水素との反応により水素化物または水素吸着物として水素を取り込み，その後，加熱や減圧等の条件により脱水素できる材料を指す．本節では，主に固体系の水素貯蔵材料の種類および求められる特性について紹介する[*1].

1.3.2 水素貯蔵材料の種類と貯蔵機構

代表的な固体系水素貯蔵材料として，次の 4 種類がよく知られている[11,12,13].

(1) 金属系材料（水素吸蔵合金・金属水素化物）

金属が水素と反応して可逆的に金属水素化物を生成する反応を利用する[14].図 1.4 に示すように，水素分子は金属の表面で水素原子に解離して金属の結晶内部へ拡散し，格子間位置で周囲の金属原子と結合して安定化する．水素の吸蔵・放出反応は，温度・圧力により制御される（2.3 節参照）．合金材料の場合，元素の組み合わせや組成により水素を吸蔵・放出する温度・圧力を様々に変えることができ，室温付近・比較的低い圧力でも貯蔵が可能となる．体積貯蔵密度[*2]が液体水素並みに高く（図 1.3），吸蔵・放出が比較的速やかで，吸蔵・放出に要するエネルギーが少なく，安全性が高いという長所をもつが，金属を構成元素とするため質量（重量）体積密度[*3]が低い（1〜3 質量%）ことが短所である．一方，Mg 金属のように貯蔵密度が高い（7.7 質量%，110 g/L）ものの，反応温度や反応速度に課題があるものもある．

(2) 錯体系材料

Li^+，Na^+ などの陽イオンと $[AlH_4]^-$，$[BH_4]^-$ などの錯イオンがイオン

[*1] 大量・長距離輸送に適した液体系材料も研究されている．代表的な材料は，メチルシクロヘキサン等の有機ハイドライドや NH_3（アンモニア）など.
[*2] 材料の単位体積あたりに貯蔵される水素量．例えば，g/L（= 材料中の水素の質量(g)／材料の体積（L））などの単位で表される.
[*3] 材料の単位質量（重量）あたりに貯蔵される水素量．例えば，質量%（= 材料中の水素の質量／材料の質量 × 100）などの単位で表される.

8

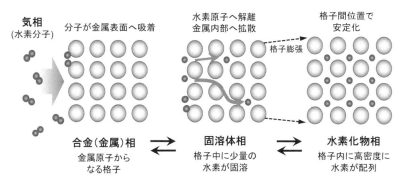

図 1.4 金属系水素貯蔵材料に水素が吸蔵される機構．右向きに吸蔵過程が進行し，放出過程はその逆反応となる．

結合した $NaAlH_4$，$LiBH_4$ などの錯体水素化物は，加熱により分解して水素を放出する．Ti 塩などの添加により，可逆的な水素の吸蔵・放出が可能となり，水素貯蔵に利用できる．長所は重量貯蔵密度が高いこと，短所は反応（特に吸蔵）が比較的遅く，多くの場合，高温が必要なことなどである．

(3) 化学系材料

NH_3BH_3 などのように，比較的容易に脱水素・水素添加反応が可能な化学物質も水素貯蔵に用いることが可能である．長所は重量貯蔵密度が高いこと，短所は水素ガスの加圧のみでは吸蔵が進行せず，再水素化反応には何らかの化学プロセスが必要となることである．

(4) 高比表面積材料（吸着材料）

ナノチューブやナノポーラス材料など比表面積が大きい材料で，分子状の水素を表面に吸着することで水素を貯蔵する．軽元素で構成されているため質量貯蔵密度は高いが，逆に体積貯蔵密度は低い．77 K の低温では 7 質量%を超える水素を吸着する材料もあるが[12]，室温付近での貯蔵には課題がある．

1.3.3 水素貯蔵材料に求められる特性

水素貯蔵材料に求められる特性は，水素貯蔵密度が高いこと（体積貯蔵密度，重量貯蔵密度），設定した水素圧力および温度条件で速やかに水素吸蔵・放出できること，水素吸蔵・放出に必要なエネルギーが小さいこと，繰り返し耐久性が高いこと，安全性が高いことなどが挙げられる．しかしな

がら，どの特性がより重視されるかは用途により異なる．例えば，燃料電池自動車用の場合，体積・重量両方に対する高い貯蔵密度，吸蔵速度，燃料電池温度（現状では〜80℃）以下での放出性能などが求められる．それに対して，定置型の水素貯蔵システムの場合は，体積貯蔵密度，より低圧での吸蔵，繰り返し耐久性などが重視される．また，実用化には性能だけでなく材料コストおよび運転コストが要求を満たす必要があるため，材料の構成元素や合成プロセス，吸蔵・放出に要するエネルギー，運転に必要な機器なども考慮した上で，最も適した材料が選定される．

1.3.4 おわりに

本節では，代表的な水素貯蔵材料の特徴と水素貯蔵材料に求められる特性について概説した．上述のように，貯蔵の用途や条件に応じて優先される性能が異なるため，適した材料系も異なる．例えば，住居の近くで安全に貯蔵したい場合は低圧・室温付近で作動する金属系材料が適しており，一方，廃熱が利用できるケースであれば高温で作動する金属系または錯体系の高密度材料が候補となりうる．今後は，それぞれのケースに応じて特徴を活かした材料開発が求められる．また，既存材料とは異なる新しい貯蔵メカニズムの検討や，それに基づく新規な高性能材料の探索も併せて進められていくことが期待される．関連する解析技術については 2.3 節で説明する．

1.4 燃料電池材料 —水素でクリーンに発電する—

1.4.1 はじめに

燃料電池は，水素と空気を導入することにより，電気を生成し水を排出するクリーンなエネルギー源である．燃焼を伴わず，電気化学的に電気を得ることができるため，高効率である．燃料電池には様々な種類が存在するが，近年，最もよく利用されるのが固体高分子形燃料電池（PEFC: polymer electrolyte fuel cell）である．PEFC は，エネファームとして 2009 年に定置型での一般利用が開始された．2016 年までに累計で約 20 万台が販売されている．コジェネレーションシステム（熱電供給装置）として発電時に発生する熱を温水供給などに効率的に用いることで，エネルギー効率は

80%にも達する.さらに,2014年にトヨタ自動車から,2016年には本田技研工業からPEFCを用いた燃料電池自動車が発売された.PEFCは低温作動が可能であり,起動が早く,振動に強く,騒音が小さい.今後のエネルギー供給源として期待されており,「水素・燃料電池戦略ロードマップ」[17]が経済産業省により取りまとめられ,今後の水素社会実現に向けた道筋が示されている.

1.4.2 固体高分子形燃料電池の構造と発電機構

図1.5にPEFCの基本構造とアノードおよびカソードにおける反応を示す.電解質であるプロトン伝導性の固体高分子膜(陽イオン交換膜:約20 μm 程度)を両側から2枚の触媒層(アノードとカソード:10 μm 程度)および2枚のガス拡散層(100 μm 程度)で挟み込んで一体化した膜電極接合体(MEA: membrane electrode assembly)を,反応ガスを供給する溝(幅および深さ1 mm 程度)を有するセパレータで挟み込んだ構造からなり,この構造を1つの基本単位として単セルと呼ぶ.所定の出力を得るためには,単セルを数十~数百枚直列に接続した積層体(スタック)として用いる.アノードおよびカソードの触媒としては,大きさ約10~100 nmの炭素微粉末担体に,粒径1~5 nmのPt合金ナノ粒子が担持されたものが用いられている.この触媒の表面に高分子電解質膜と同様の材料を被覆して触媒層

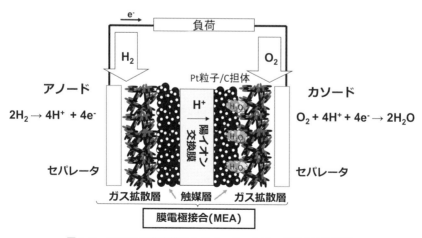

図1.5 PEFCの基本構造とアノード,カソードにおける反応.

第1章 水素機能材料に求められる特性

を形成する．触媒層において，アノードで生成した水素イオンが移動するプロトンチャネルは高分子電解質によって，電子チャネルは炭素微粉末によって，ガスチャネルは炭素微粉末間の空隙によって形成されている．アノードからの水素イオンがカソードにおいて酸素と反応し，外部回路を通って電流が流れる．

PEFC 一般については「燃料電池実用化協議会」[18]，自動車用 PEFC については「日本自動車研究所」[19] のホームページに最新の情報が掲載されており，参照されたい．

1.4.3 固体高分子形燃料電池材料に求められる特性

PEFC には，高出力・高耐久性で社会適合性の高い材料を用いる必要がある．高出力のためには，図 1.5 に示したアノードおよびカソードでの反応速度向上とともに，オーム抵抗を減少し，物質輸送を向上させながら，電解質膜中の水素分子のクロスオーバーを低減する必要がある．耐久性向上は，特に触媒層と電解質膜において重要である．セル内およびセル外部への水素リークを防ぐことは必須である．さらに，定置用・自動車用ともに台数が増加することにより，フッ素樹脂を用いた電解質膜から排出されるフッ素化合物が問題となる可能性もある．第 2 章では，これらを背景とした水素計測の実際について解説する．

1.4.4 おわりに

PEFC では，原子レベルからセルレベルでの構造が階層的かつ精緻に構築されており，高次のバランスをもって発電性能および耐劣化性を高めている．材料設計は，各要素のみならず全体のパフォーマンスを見極めながら行うことが必要であり，高度な物理・化学的解析が求められている．これらの解析については，2.4 節において詳細に説明する．

文　献
[1] 松山晋作 (1989)．『遅れ破壊』，日刊工業新聞社．
[2] 南雲道彦 (2008)．『水素脆性の基礎』，内田老鶴圃．
[3] 福山誠司 他 (2003)．SUS316 型ステンレス鋼の低温における水素環境脆化に

12

及ぼす温度の影響，日本金属学会誌，**67**，pp.456-459.

[4] 新エネルギー・産業技術総合開発機構，『水素の有効利用ガイドブック』(2008).

[5] http://hydrogen.main.jp/（2017 年 10 月 1 日参照）.

[6] http://ir.nul.nagoya-u.ac.jp/jspui/handle/2237/25063（2017 年 10 月 1 日参照）.

[7] Sasaki K. *et al.* (2013). Microstructural analysis of thermal degradation of palladium-coated niobium membrane, *Journal of Alloys and Compounds*, **573**, pp.192-197.

[8] http://www.japan-pionics.co.jp/product/refine/refine_hydrogen.html （2017 年 10 月 1 日参照）.

[9] 福岡孝博 他 (2015.3.19). 特開，2015-053475.

[10] 新エネルギー・産業技術総合開発機構（2014）. 水素エネルギー白書（6-3 水素貯蔵・輸送技術）.
http://www.nedo.go.jp/content/100567362.pdf (2017 年 10 月 1 日参照).

[11] 岡野一清 他（2014）.『水素利用技術集成 Vol.4〜高効率貯蔵技術，水素社会構築を目指して〜』，エヌ・ティー・エス.

[12] 米国エネルギー省 Fuel Cell Office.
https://energy.gov/eere/fuelcells/materials-based-hydrogen-storage/
（2017 年 10 月 1 日参照）.

[13] 折茂慎一 他（2017）. エネルギー材料としての水素化物の研究開発，まてりあ，**56**，pp.130-134.

[14] 深井有，田中一英，内田裕之（1998）. 水素と金属—次世代への材料学，内田老鶴圃.

[15] Schlapbach L. and Zuttel A. (2001). Hydrogen-storage materials for mobile applications, *Nature*, **414**, pp.353-358.

[16] https://energy.gov/eere/fuelcells/materials-based-hydrogen-storage （2017 年 10 月 1 日参照）.

[17] http://www.meti.go.jp/press/2015/03/20160322009/20160322009-c.pdf （2017 年 10 月 1 日参照）.

[18] http://fccj.jp/jp/aboutfuelcell.html（2017 年 10 月 1 日参照）.

[19] http://www.jari.or.jp/（2017 年 10 月 1 日参照）.

第2章

水素機能材料の特性を引き出す解析

2.1 水素用構造材料
―高圧水素と液体水素にどの程度耐えうるか―

2.1.1 はじめに

1.1 節で触れたように，高圧水素用材料には水素ガスによる脆化，液体水素用材料については低温脆化が，金属材料の選定の基準となる．以下に述べるように，高圧水素ガス中の機械試験，液体水素中の機械試験により，それぞれの脆化特性が評価できる．

2.1.2 高圧水素用材料

水素ガス脆化については，古くは NASA が 1960 年代後半に水素貯蔵タンクにき裂を生じる事故を経験し，これを契機に行った研究が広く知られている [1,2]．日本でも燃料電池自動車や水素ステーション用の金属材料の評価や開発の必要性が高まり，2003 年より新エネルギー・産業技術総合開発機構（NEDO）が先導する各種の国家プロジェクトが始まった．新たな高圧水素ガス中の機械試験装置が導入され，各種材料の高圧水素ガス中の諸特性が調査されている [3]．これらの評価法と代表的な研究成果を以下に述べる．

（1）高圧水素ガス中の引張試験

高圧水素ガス雰囲気における引張試験は簡便に行うことができ，各種材料の脆化特性を迅速に評価するのに有効である．前述の NASA の研究では，各種金属材料を用いて 700 気圧の水素ガス中で引張試験が行われ，強度や延性値がデータベース化されている [1,2]．さらに水素による脆化は，脆化部への水素の拡散と集積に時間を要することから，変形（ひずみ）速度が小さいほど顕著となる．このため，通常の引張試験よりも遅い極低ひずみ速度で

15

第 2 章 水素機能材料の特性を引き出す解析

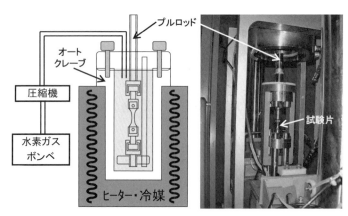

図 2.1 高圧水素中の機械試験装置.

の引張試験（SSRT: slow strain rate test）が水素ガス脆化の評価には有効である[3]．国内では，産業技術総合研究所[4]，九州大学[5]，（株）日本製鋼所[6]，新日鐵住金（株）[7]，日鉄住金テクノロジー（株）[8]などが試験装置を保有し，種々の金属材料の評価試験を行っている．装置の構成と外観の例を図 2.1 に示す．オートクレーブ中に高圧のガス（水素，Ar や窒素）を所定圧まで圧縮，封入し，プルロッドを動かし所定の速度で引張試験を行う．室温以外の試験では，加熱や冷却などを行うユニットをオートクレーブの外部に取り付ける．図 2.2 に示すように，試験片には丸棒や板状の引張試験片を用いる．丸棒引張試験片では両端のねじで，板状引張試験片では両端の穴の中にピンを通し，試験装置本体に接続する．引張試験により得られた水素中の機械的特性（引張強さ，破断伸び，絞りなど）を，大気中もしくは不活性ガス中の特性と比較し，水素の影響を調査する．10^{-4}（/s）以下のひずみ速度で，水素による影響が顕著に現れる[3,7]．ここで，ひずみ速度とは，試験片の変位速度（mm/s）を試験片の平行部の長さ（図 2.2 では 20 mm）で割った値である．

　高圧水素ガス中の低ひずみ速度引張試験により得られた，応力ひずみ曲線の一例を図 2.3 に示す[7]．試験片は 2 mm の厚さの SUS304L 製の板状引張試験片である．図の横軸は試験片のひずみ量であり，試験片の変位量（mm）を試験片の平行部の長さ（20 mm）で割った値である．縦軸は負荷応力であり，試験片にかかる荷重（N）を試験片の初期の断面積（ここでは

2.1 水素用構造材料

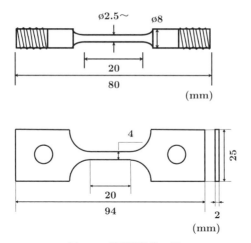

図 2.2 引張試験片の例.

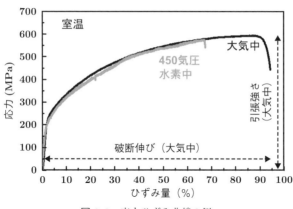

図 2.3 応力ひずみ曲線の例.

$8\,\mathrm{mm}^2$)で割った値である.一定のひずみ速度(3×10^{-6} /s)でひずみ量 0 から試験を開始すると,大気中では図 2.3 のようにひずみ量の増加とともに応力も増加し,ある最大点(これを引張強さと呼ぶ)を超えた後に,応力は下がり,最終的に破断に至る.破断に至ったひずみ量を破断伸びと呼ぶ.一方,450 気圧の高圧水素ガス中では,途中までは大気中と同じ曲線をたどるが,大気中よりも低い応力,低いひずみ量で破断する.すなわち,水素の影響により引張強さや破断伸びが低下する.試験後の破面の観察結果を図 2.4 に示す.(a)は SUS304L,(b)は SUS316L の,いずれも室温の

(a) SUS304L 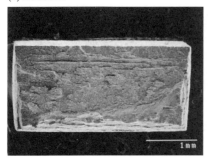 (b) SUS316L

図 2.4　水素中低ひずみ速度引張試験後の破面.

450 気圧の水素ガス中の引張試験後の破面である．SUS304L の破面では試験片はほとんど絞れず，水素の影響により破面は平坦で脆性的となる．一方，SUS316L では凹凸の大きい破面を呈し，これは大気中の破面と同様である．引張試験後の絞り値は式（2.1）により求められる．図 2.4 では，(a) の SUS304L の絞り値は小さく，(b) の SUS316L の絞り値は大きい．破断伸びや絞りは，金属材料の延性（伸びやすさ）の指標となる．

$$1 - \frac{試験後の破断部の断面積}{試験前の平行部の断面積} \tag{2.1}$$

Fe〜Ni 系材料の水素ガス脆化の感受性を図 2.5 に示す[9,10]．縦軸の相対絞りは，水素ガス中の絞りを，大気または不活性ガス中の絞りで割った値である．相対絞りが 100% に近いほど水素が延性に及ぼす影響が小さく，水素ガス脆化が起こりにくい．横軸は Ni 当量である．Ni 当量は Cr や Mo などの合金元素の質量% で示される成分パラメータであり，この数値が大きいほど fcc 結晶構造のオーステナイト相が安定である．図中の低合金鋼やマルテンサイト系ステンレス鋼（SUS420 や SUS630）は bcc 結晶構造を持ち，水素ガス脆化が起こりやすく，縦軸の相対絞りは小さい．また，fcc 結晶構造のオーステナイト系ステンレス鋼のうち，SUS304 や SUS304L などの Ni や Mo の含有量が少ないステンレス鋼は，変形時にマルテンサイト変態が起こり，相対絞りが低い．SUS316L 等の Ni や Mo の含有量が多いステンレス鋼はオーステナイト相が安定なため，室温の高圧水素ガス環境では破断伸びや絞りは低下せず，良好な特性を示す．SUS316〜316L 系の材料

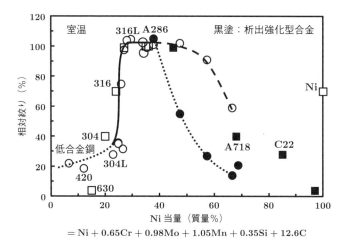

図 2.5 Fe〜Ni 系材料の水素ガス脆化特性. □：福山ら, ○：大村ら.

に関しては，使用される温度範囲に応じて，Ni 当量が所定値以上の材料を使用すべきと高圧ガス保安協会の例示基準で推奨されている[11]. 一方，Ni の含有量が過剰な材料（A718 などの Ni 基合金）はオーステナイト相が安定であるにも関わらず水素ガス脆化は起こりやすく，さらに析出強化型合金（金属間化合物の析出により強化した合金）ではより顕著になる．

水素ガス脆化は室温以下でも起こり，オーステナイト系ステンレス鋼では −100℃ 付近が最も脆化しやすい[12]. 低温ほど加工によりマルテンサイト相が生成しやすいことがこの理由である．一方，−150℃ 以下ではどの材料も水素ガス脆化を起こさない．極低温になると水素が拡散しにくくなることがこの理由である．

また，オーステナイト系ステンレス鋼の溶接部の水素ガス脆化特性も評価されており，母材と同様に脆化感受性はオーステナイト相の安定度に依存する[13]. 溶接時の高温割れを防止するため溶接部には通常 10% 程度のデルタ（δ）フェライト相（bcc 構造）を含むが，20% 以下のフェライト相は水素ガス脆化に影響しない[13].

(2) 高圧ガス中の疲労試験

高圧水素雰囲気における疲労特性試験は，変動応力下における材料の寿命やき裂進展特性に基づき，実際の部材の適用可否を判定できる．前述した高圧水素中の引張試験と同様の原理の装置を用いて，外部から変動荷重を加え

ることによりき裂進展や疲労寿命を測定できる[3].

また,実際の水素ステーションに用いられる蓄圧器や配管,車載容器などの円筒状部材の疲労寿命の評価を,管状の試験片を用いて行う方法も提案されている[10].試験の原理を図 2.6 に示す.内部の水素ガス圧を変動させる方法(内圧試験)と,内部の水素圧は一定で外部の水圧を変動させる方法(外圧試験)の 2 種類の試験ができる.前者は配管や容器などの実際の部材の使用状況に近い試験ができ,後者は水圧変動が容易なため短時間で試験ができる利点がある.図 2.7 に外圧疲労試験の(a)試験後試験片の外観,(b)試験片内面の初期切欠,(c)試験片の破面の観察結果を示す.(c)のように試験片の内面の初期切欠を起点として疲労き裂が発生し,管の外面に向かって進展する.(a)のように管の外面に到達した時点で水素が管外部にリークし,この点を疲労寿命と定義する.図 2.8 に SUS304,SUS316L,SUS316L の冷間加工材の外圧疲労試験の結果を示す[14].縦軸は応力振幅であり,計算で求めた管内面の周方向の応力の変動幅を示す.横軸は破断までの繰り返し数(疲労寿命)である.水素の圧力は 500〜700 気圧である.SUS316L では水素中と Ar 中の疲労寿命の差は小さい.一方,SUS304 では水素中では寿命が低下し,特に長寿命領域での寿命低下が著しい.SUS304 では前述した水素中の SSRT と同様に,塑性変形により bcc 構造のマルテンサイト相が生成し,この相が脆化することによって疲労き裂の進展が加速される.SSRT におけるひずみ速度と同様に,疲労試験の繰り返し数を増加させるほど SUS304 の水素中の疲労寿命は低下する[14].

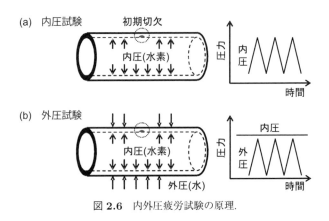

図 2.6 内外圧疲労試験の原理.

2.1 水素用構造材料

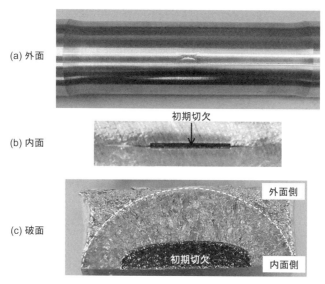

図 2.7 き裂進展の例.

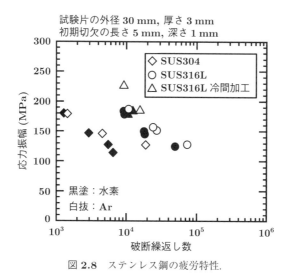

図 2.8 ステンレス鋼の疲労特性.

2.1.3 液体水素用材料

　液体水素はロケットの燃料であり，宇宙開発に際して古くから液体水素用の材料試験が行われている．米国では様々な材料の液体水素中の諸特性

第 2 章　水素機能材料の特性を引き出す解析

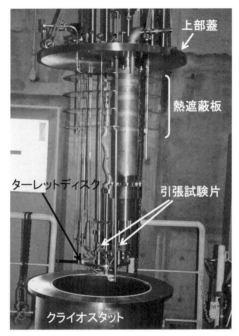

図 2.9　液体水素中の機械試験装置.

に関するデータ集が発行されている[15].　液体水素中での機械試験装置は世界的にほとんど例はないが，1990 年代に水素利用国際クリーンエネルギーシステム技術（WE-NET）プログラムで，液体水素中の試験装置が導入された[3].　この装置は新日鐵住金（株）が保有し，液体ヘリウム，液体水素，液体窒素中で試験ができ，引張（丸棒，平板），疲労（軸力，板曲げ疲労），疲労き裂伝播，破壊靭性試験などの各種試験ができる.　図 2.9 に外観を示す.　図の下部はクライオスタット（冷却槽）であり，図中央下部が試験片装着部である.　試験片はターレットディスク上に 6 本まで接続でき，試験が終了したら順次ディスクを回して，次の試験を連続して行える.　破壊靭性試験や疲労試験を行う場合には，小型のクライオスタットを使用し，図 2.10 のような CT（compact tension）試験片を用いて行う.

この試験装置を用いて，種々の鉄鋼材料，Al 合金，Ti 合金の液体水素温度での機械的特性が調査されている[3].　鉄鋼材料では，bcc 結晶構造を持つ炭素鋼や低合金鋼は液体水素温度では脆性破壊し使用できないが，fcc 結

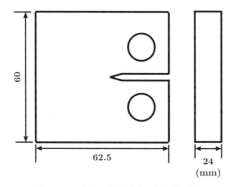

図 2.10　破壊靱性評価用試験片の例.

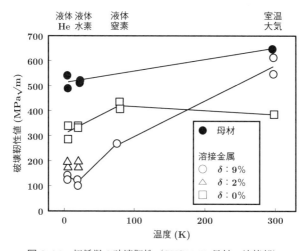

図 2.11　極低温の破壊靱性（SUS316L 母材，溶接部）.

晶構造を持つオーステナイト系ステンレス鋼が良好な破壊靱性値を示す．SUS316L 製厚板およびその溶接部の破壊靱性値を図 2.11 に示す[16]．縦軸は CT 試験片を用いて，荷重とき裂の進展量から求めた破壊靱性値であり，脆性破壊に対する抵抗値を示す．図の凡例中の δ は，溶接金属部の δ フェライト相の量（体積分率）を示す．溶接は 20〜30 パスの多層盛りで，溶加棒の化学成分を変化させ，δ フェライト相の量を変化させている．母材の破壊靱性値は液体水素を含む極低温まで高い値だが，溶接金属では破壊靱性値が著しく低下する．試験片の破面は，δ フェライト量がゼロの場合は延性

第2章 水素機能材料の特性を引き出す解析

的であるが，δフェライト量が多いとこの相に沿った脆性的な破面形態を示す．多層肉盛り溶接の際に熱サイクルによりδフェライト相中にσ相あるいはその核が生成し，これが靭性低下の要因となる[17]．

2.1.4 おわりに

高圧水素ガスによる脆化や極低温の液体水素中の低温脆性の評価には，高圧水素ガス中や液体水素中の機械試験が必要となる．それぞれの装置が導入され，高圧水素用途ならびに液体水素用途の材料選定[11]や新材料開発[18,19]に適用されている．いくつかの代表材料はこれらの用途への適用が進んでいるものの，産業界からはさらに広範囲の高強度かつ低コスト材料の適用拡大が求められている．本節で述べた評価装置を用いた研究は現在も精力的に行われており，それらの成果が反映されることで，水素社会の早期到来が期待される．

2.2 水素透過材料 —水素はどのように通り抜けるか—

2.2.1 はじめに

1.2.3項で述べたように，水素透過材料で重要な特性の1つとして水素透過速度が挙げられる．そこで本節では，水素透過速度を定量的に測定する方法を述べる．また，測定された水素透過速度をどのように整理・解析するかについて説明する．特に解析方法に関しては，具体例を用いた方が理解の助けになると考え，代表的な水素透過材料であるPd-Ag合金膜を題材とする．

2.2.2 測定方法

(1) 水素透過速度に影響を与える因子

本節では，水素透過速度を「単位時間あたりに透過する水素の物質量」と定義する．これは一般に流量（flow）と呼ばれている．流量は，各材料が持つ水素の透過しやすさ以外に，温度や高圧側，低圧側の水素圧力といった外的な条件や有効膜面積や膜厚といった膜の形状に影響を受ける．言い換えれば，材料の特性を評価するためには，測定条件や膜の形状を規定して流量を

測定しなければならない.

(2) 膜試料の準備

試料の作製方法としては，切断加工により成形する方法[20]，圧延加工により薄膜化する方法[21]，蒸着やスパッタリングなどの成膜技術を用いる方法[22]などがある．どの方法を用いたとしても，平行かつ平滑な面を持つように膜試料を作製し，膜厚を測定する必要がある．一般的には，数十〜数百 μm 程度の膜厚を持つ試料が用いられる．試料のサイズ（直径）は使用する水素透過試験装置の配管によって変わるが，実験室レベルでは直径 12〜20 mm 程度の円形の試料を用いることが多い．ここで，この直径から算出される膜面積は（1）で述べた有効膜面積とは異なることに注意する必要がある．なぜなら，水素透過試験の際にはガスケットを用いて試料を配管内に固定するため，このガスケットの穴の部分からのみ水素が透過するからである．したがって，有効膜面積はガスケットの穴の内径またはガスケットと試料が接触していた部分の円の内径から見積もられる.

(3) 水素透過試験の方法

水素透過試験は，温度と高圧側，低圧側の水素圧力を一定に制御した状態で行う必要がある．図 **2.12** に基本的な水素透過試験装置の模式図を示す[20]．試料の入った試験セルは電気炉内に設置され，電気炉の設定により温度を制御する．このとき，試験セルのリークテストポートより熱電対を挿入し，その先端を試料の側面に接触させることで試料部の温度を測定する（この温度を試験温度とする）．また，装置は試料を境目として高圧側，低圧側，リザーブセルの大きく 3 つの部分に分けられる．図 2.12 における p_1，p_2 および p_3 はそれぞれ圧力センサを表しており，p_1 は高圧側，p_2 は低圧側，p_3 はリザーブセルの圧力を計測するセンサである．高圧側では水素をフローさせることで常にフレッシュな水素が供給されるようにする．このとき，高圧側と排気系の間にあるニードルバルブ（開閉量を調節できるバルブ）により，高圧側の圧力とフロー量を一定に制御する．低圧側では水素が透過してくるので，低圧側とリザーブセルの間のニードルバルブの開閉量を調節することで，低圧側の圧力を一定に制御しつつ，リザーブセルに水素を流入させる．このとき，p_2 は一定に保たれ，p_3 が上昇するので，p_3 の変化量が透過してきた水素量に相当する．一定の時間間隔で p_3 の変化量を測

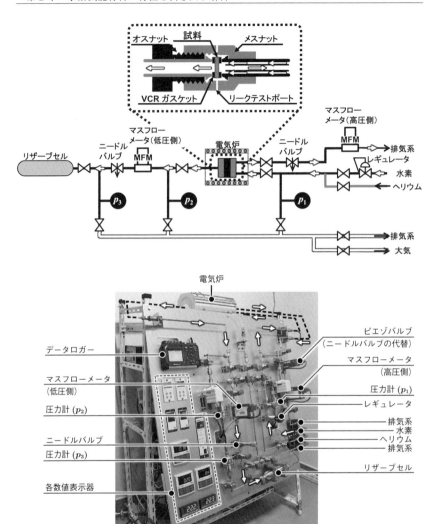

図 2.12 水素透過試験装置の模式図と外観写真.

り，得られた p_3 の時間変化率 $\Delta p_3/\Delta t$ を理想気体の状態方程式（ideal gas law）を用いて水素透過流量 Q_{H_2} に変換する．

$$Q_{H_2} = \frac{(\Delta p_3/\Delta t)V_3}{RT_3} \tag{2.2}$$

ここで，V_3 はリザーブセル容積，R は気体定数，T_3 はリザーブセル温度である．このリザーブセルを用いる方法では，水素透過速度が非常に小さい場

2.2 水素透過材料

合でも測定が可能であるという利点がある．圧力センサの検出能が高くなくても，一定の時間間隔 Δt を長めに設定すれば，リザーブセルに水素が溜まり，p_3 の変化を検出できる．ただし，この方法は測定中に水素透過速度が変化しないという仮定のもとで成り立っている．したがって，水素透過速度が時間とともに急激に変化する場合には適用できない．

また，リザーブセルではなく，マスフローメータで流量を測定することもできる．リザーブセルを用いる方法と比べると，マスフローメータを用いる方法では流れている水素量が逐次検出されるため，水素透過速度の経時変化を測定するのに適している．一方で，水素透過速度がマスフローメータのフルスケールに対して非常に小さい場合には測定誤差が大きくなり，検出限界以下となる場合には測定できない．したがって，測定する条件や材料に合わせて検出方法を変えることが重要となる．

2.2.3 解析方法

（1）流束の導入（有効膜面積の影響を考慮する）

まず，流量を決定する因子のうち，有効膜面積に比例して流量が大きくなることは明らかである．そこで，流量を有効膜面積で除した量，すなわち「単位面積・単位時間あたりに透過する水素の物質量」がしばしば解析に用いられる．これを流束（フラックス）という．すなわち，水素透過流束 $J_{\mathrm{H_2}}$ と水素透過流量 $Q_{\mathrm{H_2}}$ は次の関係で表される．

$$J_{\mathrm{H_2}} = \frac{Q_{\mathrm{H_2}}}{S} \tag{2.3}$$

ここで，S は有効膜面積である．

（2）律速段階の判定（膜厚の影響を調べる）

金属内を水素原子が拡散する金属系の水素透過材料の場合，1.2 節で示したように，多段階の反応が直列的に生じている．こうした場合では，多段階の反応の中で最も遅い反応，すなわち律速段階（rate-limiting process）が水素透過速度を支配する．金属膜の水素透過反応では，一般的に金属膜内の水素原子の拡散反応が全体の反応を律速していると考えられている．しかしながら，膜厚が非常に薄い場合，表面が清浄でない場合などで表面反応が律速段階になる可能性もある．そこで，律速段階が金属膜内の拡散反応で

27

第2章 水素機能材料の特性を引き出す解析

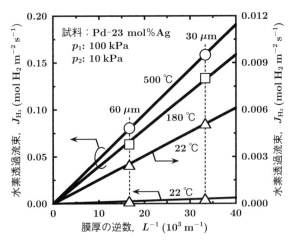

図 2.13 拡散反応律速における水素透過流束と膜厚の逆数の関係.

あることを確認する必要がある．そのために，膜厚の異なる試料を用いて，温度・圧力条件を固定した状態で水素透過試験を行う方法が一般的に採用されている[20,23,24]．拡散反応律速では，水素透過流束 J_{H_2} は膜厚の逆数に比例する．したがって，水素透過試験から得られる水素透過流束 J_{H_2} を膜厚の逆数に対してプロットしたときに，"原点を通る" 直線関係が得られれば，拡散反応が律速段階であると結論付けられる．一例として，図 2.13 に Pd-23 mol% Ag 合金膜で，水素透過流束と膜厚の逆数の関係が測定された結果を示す[23]．この調査では，温度を 22℃，180℃，500℃ とし，高圧側圧力を 100 kPa（1 気圧），低圧側圧力を 10 kPa（0.1 気圧）に固定して測定を行っている．図 2.13 に見られるように，Pd-23 mol% Ag 合金膜では，広い温度範囲で少なくとも 30 μm の膜厚までは拡散反応律速であることが確認できる．

(3) 水素透過流束の理論式（条件の影響を考慮する）

拡散律速であることを確認した場合には，拡散方程式を出発点にして水素透過流束が定式化される．一般的に，濃度勾配を拡散の駆動力（driving force）と考える Fick の第一法則[25] が用いられている．

$$J_H = -D\frac{dc}{dx} \approx -D\frac{c_2 - c_1}{L} \tag{2.4}$$

ここで，J_H は金属膜内を流れる水素原子の流束（$J_H = 2J_{H_2}$），D は水素の

拡散係数（diffusion coefficient），dc/dx は膜内の透過方向における微小領域の水素濃度の勾配である．また，式 (2.4) の最右辺における c_1 と c_2 はそれぞれ高圧側と低圧側の膜表面における水素濃度，L は膜厚である．最右辺では，膜内の水素濃度の分布を直線で近似することで濃度勾配を一定と見なしている．さて，水素透過試験では，水素圧力を制御して実験を行うため，水素濃度 c ではなく水素圧力 p が現れている式の方が解析に用いやすい．水素濃度が希薄な場合には，以下に示す Sieverts の法則 [26] によって，金属内の水素原子の濃度 c と気相の水素分子の圧力 p を結びつけることができる．

$$c = K p^{0.5} \tag{2.5}$$

ここで，K は水素溶解度係数と呼ばれ，材料の持つ水素の溶解のしやすさを表す指標である．また，右辺における 0.5 という指数は水素分子が金属内に溶解するときに，水素原子に解離することを表している．式 (2.5) を式 (2.4) に代入することで，次式が得られる [27]．

$$J_{\mathrm{H_2}} = \frac{D \cdot K}{2} \frac{p_1^{0.5} - p_2^{0.5}}{L} = \phi \frac{p_1^{0.5} - p_2^{0.5}}{L} \tag{2.6}$$

ここで，p_1 と p_2 はそれぞれ高圧側と低圧側の水素圧力である．また，ϕ は水素透過係数（または水素透過度）と呼ばれており，水素の透過しやすさを表す値として広く用いられている．ϕ は水素の拡散のしやすさ D と水素の溶解のしやすさ K の積で表されるため，「多量の水素が溶解し（K が大きく），それらが膜内を速く流れれば（D が大きければ），水素が透過しやすい（ϕ が大きくなる）」，というように感覚的にも水素透過性を理解しやすい．ちなみに，D と K は温度依存性を有するので，ϕ も温度によって変化する．したがって，式 (2.6) では，膜厚の影響は $1/L$，圧力の影響は $p_1^{0.5} - p_2^{0.5}$，温度と材料特性の影響が ϕ に含まれている．

　ここで，金属系の水素透過材料の場合には水素透過流束は圧力差に比例するわけではなく，圧力の 0.5 乗（平方根）の差に比例することに注意する必要がある（多孔質材料では，水素透過流束は圧力差に比例する）．したがって，水素透過試験条件として圧力差の値だけを記述したとしても，それを圧力の 0.5 乗の差に変換できないため，何の条件も記載していないのと

同義である.さらに,金属膜では圧力差の大きさで駆動力の大きさを判断することは誤りである.例えば,高圧側 100 kPa(1 気圧),低圧側 0 kPa(0 気圧)の水素圧力を負荷するのと,高圧側 1100 kPa(11 気圧),低圧側 1000 kPa(10 気圧)の水素圧力を負荷するのではともに圧力差が 100 kPa(1 気圧)なので,多孔質膜の場合には駆動力は等しい.しかしながら,圧力の 0.5 乗の差は前者の条件では 316 $Pa^{0.5}$,後者の条件では 49 $Pa^{0.5}$ となり,金属膜の場合には駆動力が大きく異なる.

(4)水素透過係数の解析例

実際に,式(2.6)を用いて水素透過係数を見積もる方法を Pd-Ag 合金膜の結果[28]を例として説明する.図 **2.14** に水素透過試験から得られる水素透過流束 J_{H_2} とその圧力条件から算出できる圧力の 0.5 乗の差 $p_1^{0.5} - p_2^{0.5}$ の関係を示す.試料は Pd-27 mol% Ag 合金膜であり,温度は 500℃,膜厚は 49 μm である.また,図中には各プロット点に対応する圧力条件も記載している.図 2.14 に示されるように,J_{H_2} と水素圧力の 0.5 乗の差の間にはほぼ原点を通る直線関係が見られ,式(2.6)が成立していることがわかる.式(2.6)より,この直線関係の傾きは ϕ/L であるため,最小二乗法(least square method)により直線回帰して得られる傾きに膜厚を乗ずることで,水素透過係数を見積もることができる.

同様の方法で見積もられる 350〜500℃ の範囲における純 Pd 膜[29]と

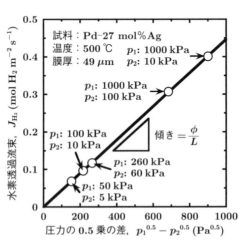

図 **2.14** 水素透過流束と圧力の 0.5 乗の差の関係.

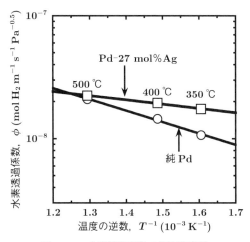

図 2.15　水素透過係数の温度依存性.

Pd-27 mol% Ag 合金膜[28] の水素透過係数を図 2.15 に示す．図では，縦軸を水素透過係数の対数軸，横軸を温度の逆数としてプロットしている．図 2.15 より，純 Pd と Pd-27 mol% Ag 合金膜の水素透過係数は温度の低下とともに直線的に低下している．また，350〜500℃ の範囲では，Pd-27 mol% Ag 合金膜の水素透過係数は純 Pd 膜に比べて大きく，Ag を合金化することで水素透過係数が向上することがわかる．このように，水素透過係数を用いることで各材料が有する水素の透過しやすさを定量的に比較することができる．

(5) 水素の拡散係数と水素溶解度係数の解析例

　上述のように，金属膜における水素透過係数は水素の拡散のしやすさ D と溶解のしやすさ K の積で表される．したがって，それぞれのパラメータの寄与を調べることが重要である．水素透過試験のみでは，水素透過係数しか求められないので，拡散係数と溶解度係数を見積もるためにはもう 1 つ実験を行う必要がある．よく行われる方法は水素透過試験と同じ温度で圧力―組成―等温線（PCT 曲線）を測定することである（PCT 曲線の測定方法に関しては 2.3 節を参照）．例えば，500℃ で Pd-27 mol% Ag 合金の PCT 曲線を測定すると，図 2.16 のようなグラフが得られる[28]．図では，縦軸を水素濃度，横軸を圧力の 0.5 乗としている．また，水素濃度と圧力の 0.5 乗の間にはほぼ原点を通る直線関係が見られ，式（2.5）で表される Siev-

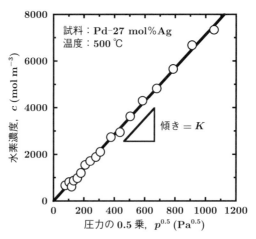

図 2.16 水素濃度と圧力の 0.5 乗の差の関係.

erts の法則が成立している.したがって,最小二乗法により直線回帰して得られる傾きから水素溶解度係数 K を見積もることができる.さらに式 (2.6) より,水素透過係数 ϕ の 2 倍を水素溶解度係数 K で除することで,見かけの水素拡散係数 D を見積もることができる.この方法で,純 Pd と Pd-27 mol% Ag 合金の水素拡散係数 D と水素溶解度係数 K を見積もった結果を図 2.17 に示す.図では,左縦軸を水素拡散係数の対数軸,右縦軸を水素溶解度係数の対数軸,横軸を温度の逆数としている.図 2.17 より,温度の低下に伴い,水素拡散係数は Arrhenius の式 [30] に従い直線的に低下し,水素溶解度係数は van't Hoff の式 [26] に従い直線的に増加している.

$$D = D_0 \exp\left(-\frac{E_\mathrm{D}}{RT}\right) \tag{2.7}$$

$$\ln K = -\frac{\Delta H_\mathrm{s}}{RT} + \frac{\Delta S_\mathrm{s}}{R} \tag{2.8}$$

ここで,D_0 は振動数因子(frequency factor),E_D は拡散の活性化エネルギー(activation energy),ΔH_s と ΔS_s は水素溶解におけるエンタルピー(enthalpy)変化およびエントロピー(entropy)変化である.Arrhenius の式はもともと化学反応の "速度定数" の温度依存性を表す式であるが,原子の拡散を 1 つの化学反応と見なすことで,拡散係数の温度依存性にも用いられている.一方,van't Hoff の式は化学反応の "平衡定数" の温度依存性

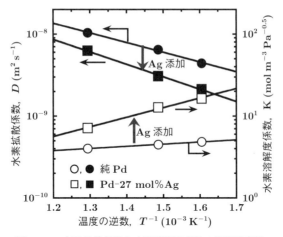

図 2.17 水素拡散係数と水素溶解度係数の温度依存性.

を表す式である．図 2.17 の直線関係の傾きから E_D と ΔH_s を，y 切片から D_0 と ΔS_s を見積もることができる．また，Pd に Ag を添加することで，350～500℃ の範囲で水素拡散係数 D は低下し，水素溶解度係数 K は増加することがわかる．したがって，図 2.16 で Ag の添加により水素透過係数 ϕ が向上しているのは，水素溶解度係数の増加に起因している．このように，PCT 曲線を測定し，水素溶解度係数と水素拡散係数を見積もることで，水素透過係数の変化が溶解と拡散のどちらの因子に起因しているかを考察することができる．

(6) 水素透過流束が圧力の 0.5 乗の差に比例しない場合

金属膜の場合，拡散反応律速であることを確認しているにもかかわらず，式 (2.6) が適用できない（水素透過流束が圧力の 0.5 乗の差に比例しない）ことがしばしば起こりうる．この原因は式 (2.5) で表される Sieverts の法則にある．上述のように，Sieverts の法則は「水素濃度が希薄な場合」にのみ成立する法則である．水素濃度が希薄でない条件では，式 (2.5) が成立せず（K が定数にならず），したがって式 (2.6) も成立しない．

式 (2.6) が成立しない場合の対処方法として，0.5 乗という指数を 0.6～0.7 に補正するという方法があり，比較的広く用いられている[31,32]．しかしながら，上述のように 0.5 という指数は水素分子の解離という物理的意味を有しているが，0.6～0.7 という指数にはそうした物理的意味が存在しな

第 2 章　水素機能材料の特性を引き出す解析

い．また，材料や条件によって指数を変化させてしまうと，水素透過係数 ϕ のみで統一的に材料の特性を比較することができない．したがって，より抜本的な解決策が必要となる．

式 (2.6) が成立しない場合には，材料の持つ水素の透過しやすさを定数として扱うことができない．そうしたことを考慮した解析手法が 2 つ提案されている．1 つは水素透過係数に圧力依存性を与える方法である [29]．このとき，水素透過流束 J_{H_2} は次式で表される．

$$J_{H_2} = \frac{1}{L} \int_{p_2^{0.5}}^{p_1^{0.5}} \phi(p^{0.5}) dp^{0.5} \tag{2.9}$$

この方法では，例えば p_2 を固定して p_1 のみを系統的に変化させる水素透過試験を行い，そのときの水素透過流束 J_{H_2} の変化から水素透過係数の圧力依存性を決定する．すなわち，水素透過係数は次式で見積もられる．

$$\phi(p_1^{0.5}) = L \frac{dJ_{H_2}}{dp_1^{0.5}} \tag{2.10}$$

もう 1 つは，水素の化学ポテンシャルに基づく拡散方程式を出発点とする解析手法である [33]．拡散の駆動力は厳密には濃度勾配ではなく，化学ポテンシャルの勾配であると考えられており，それを考慮した拡散方程式は次式で表される [27]．

$$J_H = -cB \frac{d\mu}{dx} \tag{2.11}$$

ここで，B は水素原子の易動度，$d\mu/dx$ は膜内の透過方向における微小領域の水素原子の化学ポテンシャル勾配である．式 (2.11) は次のように変形することで，水素透過膜の特性評価に適用できる．

$$J_H = \frac{RTB}{2L} \int_{c_2}^{c_1} c \frac{d\ln p}{dc} dc = \frac{RTB}{2L} f_{PCT} \tag{2.12}$$

ここで，p は無次元圧力である．また，式 (2.12) における積分項は $\frac{d\ln p}{dc}$ といった PCT 曲線の形を反映する項を含んでおり，水素透過試験の条件と PCT 曲線を解析することで得られる．そうした観点から，この積分項は PCT 因子 f_{PCT} と定義されている．式 (2.12) では，易動度 B が拡散の因子，f_{PCT} が溶解の因子を表しているため，これらの 2 つのパラメータ

34

をそれぞれ解析することで，水素透過速度を統一的に評価することができる[23]．

金属系の水素透過膜について，よく深い理解を得るためにはこうした新しい解析手法が必要になるだろう．

2.2.4　おわりに

本節では水素透過速度の測定方法と水素透過能の解析方法について説明した．水素透過速度の測定では，温度・圧力条件や膜厚・有効膜面積を規定することが重要である．また，水素透過能の解析に用いられる式は多孔質膜と金属膜で異なり，金属膜では水素透過流束が圧力の 0.5 乗の差に比例する式を用いなければならない．さらに，従来の解析方法では成立しない場合があることも指摘されており，より広範囲の水素透過膜の特性を評価できる次世代の解析手法が提案されている．こうした解析手法によって金属系水素透過材料におけるより深い理解が得られることが期待される．また，本節では水素透過材料の最も基本となる性能を評価する方法のみを説明したが，1.2 節で述べたように，水素透過材料には多くの特性が求められるため，そうした特性を評価する技術を確立していくことが今後の課題である．

2.3　水素貯蔵材料　—水素はどのように貯まるか—

2.3.1　はじめに

1.3.3 項において，水素貯蔵材料に求められる特性として，貯蔵量，適度な反応圧力および温度，反応速度，繰り返し特性などを挙げた．本節では，これらの特性を評価する手法について説明する．ただし，材料系によって性質が異なり評価方法も必ずしも同一ではないことから，ここでは主に金属系材料の評価方法を中心に取り上げることとする．なお，水素吸蔵合金の測定方法については日本工業規格（JIS）に定められたものがあり，装置構成や測定手順が詳細に設定されている[34-36]．複数機関での測定データを厳密に比較する場合には，この規格に従った測定が推奨される．しかし，基本的な原理を押さえれば概ね良好な精度の測定が可能であるため，実際は各測定機関において装置や方法を工夫・最適化して測定が行われている．ここでは

35

第 2 章　水素機能材料の特性を引き出す解析

一般的に用いられている方法を概説するので，興味のある読者には適宜 JIS
の内容を参照されたい．

2.3.2　熱力学的特性

(1) 圧力—組成等温線測定（水素貯蔵量および反応温度・圧力の評価）

　圧力—組成等温線（pressure-composition isotherm）は，一定温度・平
衡状態での水素吸蔵・放出特性に相当し，水素貯蔵材料の最も基本的な特
性データである．P-C 曲線，PCT 曲線などとも呼ばれる．横軸に水素吸蔵
量，縦軸に平衡水素圧力をとり，温度ごとに吸蔵・放出の各データをプロッ
トし，吸蔵曲線，放出曲線を得る．図 **2.18**（a）に，代表的な水素吸蔵合金
である LaNi$_5$ の PCT 曲線を示す．

　通常は，容積法（Sieverts 法）と呼ばれる方法にて測定する．粉末試料
（数百 μm〜数 mm サイズ）を秤量して試料容器に充填する．試料の活性化
処理（後述）を行った後，Sieverts 装置（図 **2.19**）に接続する．下記測定
手順に沿って，吸蔵過程および放出過程の各平衡圧力に対する水素吸蔵量を
測定する．

　Sieverts 装置は，図 **2.20** に示すように，内容積が既知の 2 室（A 室，B
室）とそれらをつなぐバルブ付き配管からなる装置と見なすことができる．
A 室は水素ガスを出し入れできるバルブと内部ガスの温度・圧力を計測す
る温度計・圧力計を備える．B 室の試料容器には測定試料を充填する．試
料容器を測定温度に保持する．操作は次の手順で行う：

① A,B 両室の内部を十分に真空引きする．

② 両室をつなぐバルブ 3 を閉じる（バルブ 4 は常に開）．

③ バルブ 1 の開閉により A 室に適度な圧力まで水素を充填する．安定後
　に A 室の圧力 p_i と温度 T_A を記録する．

④ バルブ 3 を開ける．

⑤ 圧力が一定になるまで保持し，平衡圧力 p_e と A，B 室の温度 T_A，T_B
　を記録する（接続部の温度は T_A と見なす）．

上記②〜⑤を任意の水素圧力まで繰り返す．

2.3 水素貯蔵材料

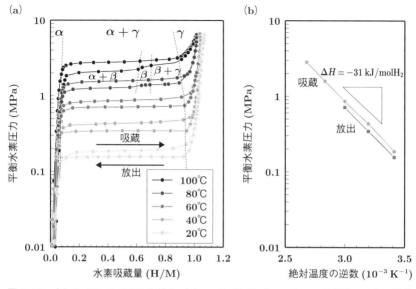

図 2.18 (a) LaNi$_5$ の PCT 曲線と (b) van't Hoff プロット. α 相が図 1.4 中の固溶体相, γ 相が水素化物相に相当する.

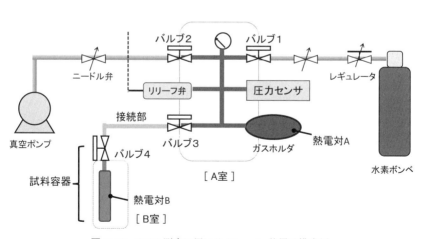

図 2.19 PCT 測定に用いる Sieverts 装置の構成例.

第 2 章　水素機能材料の特性を引き出す解析

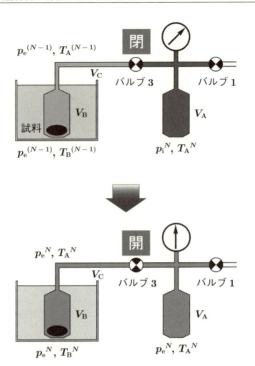

図 2.20　PCT 測定操作の概略図．本文中の②〜⑤に相当．なお，図 2.19 中のバルブ 2，バルブ 4 は省略されている．

　以上は吸蔵曲線の測定方法だが，放出曲線の場合は，③の前半を

　　　③′ バルブ 2 の開閉により A 室内を適度な圧力まで減圧する．

に置き換えればよい．

　上記の測定で得られた値から各測定点の水素吸蔵量を計算する．④の前後で水素量が保存されることを考慮すると，

　　　③での [A 室・B 室・接続部の水素量]
　　　＝⑤での [A 室・B 室・接続部の水素量] ＋ [試料が吸蔵した水素量]
$$\tag{2.13}$$

となる．したがって，気体の状態方程式 $pV = z(p,T)nRT$ より，N 回目の操作に対して，式 (2.13) は次のように表される．

$$\frac{p_{\mathrm{i}}^N V_{\mathrm{A}}}{z(p_{\mathrm{i}}^N, T_{\mathrm{A}}^N)RT_{\mathrm{A}}^N} + \frac{p_{\mathrm{e}}^{(N-1)} V_{\mathrm{B}}}{z(p_{\mathrm{e}}^{(N-1)}, T_{\mathrm{B}}^{(N-1)})RT_{\mathrm{B}}^{(N-1)}} + \frac{p_{\mathrm{e}}^{(N-1)} V_{\mathrm{C}}}{z(p_{\mathrm{e}}^{(N-1)}, T_{\mathrm{A}}^{(N-1)})RT_{\mathrm{A}}^{(N-1)}}$$

$$= \frac{p_{\mathrm{e}}^N (V_{\mathrm{A}} + V_{\mathrm{C}})}{z(p_{\mathrm{e}}^N, T_{\mathrm{A}}^N)RT_{\mathrm{A}}^N} + \frac{p_{\mathrm{e}}^N V_{\mathrm{B}}}{z(p_{\mathrm{e}}^N, T_{\mathrm{B}}^N)RT_{\mathrm{B}}^N} + C^N \tag{2.14}$$

ここで，V_{A}, V_{B}, V_{C} は A, B 室および接続部の内容積，R は気体定数，C^N [$\mathrm{molH_2}$] は N 回目の操作における水素吸蔵量である．$z(p, T)$ は水素の圧縮率因子（または圧縮係数）と呼ばれるパラメータで，理想気体（$z = 1$ に相当）からのずれを補正する係数である．通常の測定範囲であれば，

$$z(p, T) = 1 + p(4.934 \times 10^{-5} + 2.040T^{-1} + 8.153 \times 10T^{-2}$$
$$- 6.556 \times 10^4 T^{-3} + 4.565 \times 10^6 T^{-4}) \tag{2.15}$$

で近似できる [34]．

以上の値を式 (2.14) に代入することにより，水素吸蔵量 C^N を算出することができる．PCT 曲線は，横軸に材料中の水素吸蔵量（N 回目までの C^N の累計），縦軸に平衡水素圧力 p_{e}^N をプロットして得られる．水素吸蔵量の単位は，金属原子 1 個あたりの水素原子の個数 H/M（金属系材料の場合）もしくは材料全体に対する水素の質量% の値が主に用いられる．

次に，PCT 測定の前に必要な準備について述べる．

a) 内容積測定

式 (2.14) で用いる A 室，B 室，接続部の内容積 V_{A}, V_{B}, V_{C} を算出する．内容積が既知のバルブ付き容器を準備する．内容積は純水を満たして重量を測定することにより測定できる．この容器を試料容器の代わりに Sieverts 装置に装着し，容器は室温のまま，PCT 測定と同様の操作を行うと，$V_{\mathrm{A}} + V_{\mathrm{C}}$ と V_{B} の比が求められる．V_{B} が既知のため，$V_{\mathrm{A}} + V_{\mathrm{C}}$ の値が算出できる．バルブ付き容器を外して先端を閉じ，PCT 測定と同様の操作を行う[*1] と V_{A} と V_{C} の比が求められ，先の結果と併せて V_{A}, V_{C} の各値が算出される．次に，試料容器を接続し，バルブ 3 の代わりにバルブ 4 を用いて同様に測定すれば，試料容器の内容積が算出できる．この場合，試料容器を実際の測定と同じ温度にセットして測定するのが望ましい．実際の測定時に

[*1] ここではバルブ 3 を常時開とし，代わりに容器付属のバルブ（図 2.19 のバルブ 4 に相当）を操作．

第2章　水素機能材料の特性を引き出す解析

は試料容器には試料を封入するため，式 (2.14) における V_B は，内容積から試料体積を差し引いた値となる（正確を期す場合は，試料封入後に希ガス等を利用して内容積を測定してもよい）．

b) 試料の活性化処理

　試料の水素化反応では，初回は吸蔵が遅く，本来の平衡圧力よりも高い吸蔵圧力が必要となることが多い．そこで，安定後の特性を測定するためには，あらかじめ活性化処理を施しておく．合金試料の場合，粉末試料を測定容器に封入した後，試料容器内を真空引きし，80〜150℃ 程度に昇温して1〜2時間保持する．その後，室温で予想される平衡水素圧力よりも十分高い圧力の水素を容器内に導入し，室温まで徐冷する．十分水素が吸蔵された場合は，この後，室温（または測定温度）で 2〜3 回吸蔵・放出を繰り返す．水素を吸蔵しなかった場合は，温度を上げるか，真空引き時間を長くして再試行する．

(2) van't Hoff プロット（水素化物の生成熱・分解熱の評価）

　van't Hoff プロットは，PCT 測定データから，試料の水素吸蔵・放出反応の反応熱を求める方法である．複数の温度にて PCT 測定を行い，吸蔵または放出測定データについて，測定温度（絶対温度）の逆数を横軸に，平衡水素圧力（プラトー圧力）の対数を縦軸にプロットすると，図 2.18（b）に示すように 1 本の直線に載る．反応が固溶体相（α 相）から水素化物相（γ 相）への吸蔵反応とすると，2 相の平衡時に Gibbs の自由エネルギー変化 $\Delta G_{\alpha-\gamma}$ が 0 になることから，

$$\Delta G_{\alpha-\gamma} = \Delta H_{\alpha-\gamma} - T\Delta S_{\alpha-\gamma}$$
$$= \Delta H_{\alpha-\gamma} - T\Delta S^0_{\alpha-\gamma} - RT \ln \frac{p}{p_0} = 0$$
$$\ln \frac{p}{p_0} = \frac{\Delta H_{\alpha-\gamma}}{R} \cdot \frac{1}{T} - \frac{\Delta S^0_{\alpha-\gamma}}{R} \tag{2.16}$$

ここで，ΔH は生成エンタルピー（生成熱），ΔS^0 は標準生成エントロピー，p_0 は標準状態の圧力（0.1 MPa（1 気圧））である．van't Hoff プロットの直線の傾きが $\Delta H/R$ に，切片が $\Delta S^0/R$ に等しいことがわかる．したがって，このプロットから ΔH および ΔS^0 の値を算出することができる．

　ΔS^0 の大部分は水素ガスの持つエントロピーの消失分に起因するため，

試料によらずほぼ一定（~ -130 J/molH$_2 \cdot$ K）の値をとる．したがって，平衡水素圧力は ΔH の値でほぼ決まる傾向にある．図 2.18 に示す LaNi$_5$ のように室温・常圧付近で吸蔵・放出する材料は，$|\Delta H| \sim 30$ kJ/molH$_2$ 前後の値（吸蔵は発熱反応のため，$\Delta H < 0$）をとるが，これよりも $|\Delta H|$ が大きいものはより安定な水素化物となるため，放出時にはより高温が必要となる．例えば，Mg から MgH$_2$ を生成する反応の ΔH は -67 kJ/molH$_2$ で，水素放出には約 300℃ の温度が必要となる．なお，放出反応について同様に解析すると，水素化物の分解に対する ΔH および ΔS^0 の値が算出できる．正負の符号が水素化物生成反応とは逆になり，合金系材料の場合は $\Delta H > 0$（吸熱反応）となる．このように，van't Hoff プロットから，各水素化物の安定性の指標である ΔH の値を得ることができる．

(3) 熱分析測定（TG, DTA, DSC）

熱重量分析（TG: thermogravimetry），示差熱分析（DTA: differential thermal analysis），示差走査熱量測定（DSC: differential scanning calorimetry）等の熱分析手法は水素化物の安定性や反応熱の評価に用いられる．どの手法も様々な物質・材料の分析に広く用いられているため，手法の原理や詳細については各種解説を参照されたい[37]．ここでは，水素化物の分析においてこれらの手法がどのように用いられているかを紹介する．

TG 測定では，水素化物を室温から一定速度で昇温し，その重量変化を検出する．ある温度付近で水素化物から水素が放出されるとその分重量が減少するため，水素化物の分解温度と水素放出量を評価することができる．注意点としては，得られた重量変化が水素放出によるものかどうかを他の手法も併用して確認する必要がある．例えば，水素以外のガスが発生する可能性がある場合は放出ガスの質量分析や放出後の生成物の分析などを行う．

DTA 測定では，水素化物と基準物質を同時に昇温したときの 2 つの物質の温度差を検知することにより吸熱・発熱を伴う反応の発生を捉える．TG との同時測定もよく用いられる．水素化物への適用では，昇温過程において水素化物の分解（放出反応）や構造相転移，溶解などに伴うピークが観測される．得られたデータから，水素化物相の熱的安定性などが評価できる．

DSC は，水素化物と基準物質を同時に昇温し，2 つの物質への熱流の差を測定する．捉えることのできる反応は DTA と同様であるが，ピーク面積

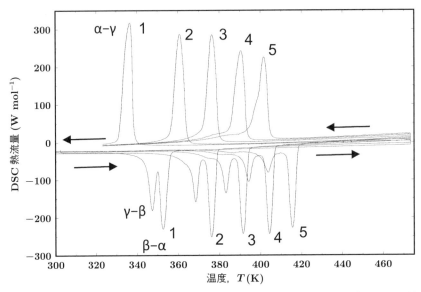

図 2.21 LaNi$_5$ の水素加圧中（1〜5 MPa（10〜50 気圧））での DSC 測定データ．昇温・降温速度：2 K/min．数字 1〜5 はそれぞれ水素圧力の値（MPa）を示す．

から反応熱の値が得られる．TG，DTA 同様，測定は通常希ガス気流中で行われることが多いが，水素加圧下で測定できる DSC 装置も市販されている．加圧型 DSC では，圧力を一定に保持し，昇温・降温過程において放出および吸蔵反応を観測することが可能である．図 2.21 に LaNi$_5$ の水素圧力下（1〜5 MPa（10〜50 気圧））での DSC 測定例を示す[38]．測定は室温加圧下の水素化物相（γ相）から開始し，昇温時に水素放出に伴う下向きの吸熱ピークが得られ，降温時には水素吸蔵に伴う上向きの発熱ピークが観測されている．放出時のピークが 2 本に分裂しているのは，まず γ 相から中間相である β-LaNi$_5$H$_3$ 相へ，次に β 相から α 相へと 2 段階の相変化が起こっているためである*2[39]．この測定では，各設定圧力における放出・吸蔵温度の見積りが可能なことから，PCT 測定の温度を決めるための予備測定としても用いることができる．

---

*2 80℃ 以上の温度では，放出過程において中間相（β 相）が生成する．そのため PCT 放出曲線において 2 段のプラトー（図 2.18 (a)），DSC 昇温データにおいて 2 つの吸熱ピーク（図 2.21）が観測される．

2.3.3 水素吸蔵・放出速度とサイクル特性
(1) 水素吸蔵・放出速度

材料の水素吸蔵・放出速度も応用上把握しておくべき重要な因子である．しかし，容器に封入した材料の反応速度は材料の充填状態や熱伝導・熱交換特性に大きく依存するため，(反応熱の影響を排除した) 材料そのものの反応速度と，(反応熱の影響を含む) 材料層としての反応速度を分けて考える必要がある．材料自体の反応速度の測定には反応熱の速やかな除去が必要なため，材料層をごく薄くし熱伝導のよい特殊な容器が用いられる．JIS H7202「水素吸蔵合金の水素化および脱水素化反応速度測定方法」には，容器形状および測定手順が示されている[35]．

ただし，一般的には通常のPCT測定装置および試料容器を用い，反応熱の影響込みで評価することも多い．PCT吸蔵測定と同様に，水素を試料容器側に導入し，同時に圧力の経時変化を記録する．各測定圧力から水素吸蔵量を計算すれば，水素吸蔵量の時間変化が図示できる．この方法により，材料の反応速度の温度依存性を調べたり，異なる試料間での反応速度の比較を行うことができる．図 **2.22** は Mg の吸蔵反応測定の例で，同じ温度で水

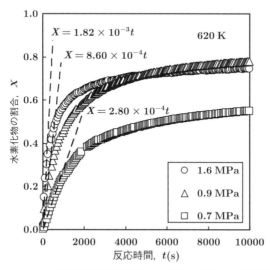

図 **2.22** Mg の水素吸蔵量の時間変化 (620 K)．破線は初期速度に相当．

第2章　水素機能材料の特性を引き出す解析

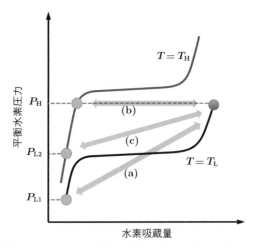

図 2.23 PCT 曲線上で各サイクル試験の条件を示したもの．(a) 圧力サイクル，(b) 温度サイクル，(c) 圧力—温度サイクル．

素圧力を変えて吸蔵量の時間変化を測定している[*3][40]．複数温度での測定・解析から反応律速過程の推定や活性化エネルギーの算出を行い，吸蔵速度向上のための開発指針につなげる試みが行われている．

（2）サイクル特性（繰り返し特性）

水素貯蔵材料をアプリケーションに内蔵して利用するには，繰り返し使用に対する性能の維持が担保されなければならない．そのため，吸蔵・放出を繰り返したときの特性変化の測定が必要となる．

吸蔵・放出サイクル試験には，主に以下の方法が用いられる．

(a) 圧力サイクル：温度一定とし，水素加圧により吸蔵，減圧により放出させる（図 2.23 (a)）．各平衡状態で吸蔵量と放出量を測定する．減圧を真空引きで行う場合は放出量は測定されず，吸蔵量のみの測定となる．PCT 測定のセッティングを用いて簡便に測定できるため，長期サイクルの測定に多く用いられる．

(b) 温度サイクル：圧力によらず，昇温により放出，降温により吸蔵させ

[*3] LaNi$_5$ などの代表的な水素吸蔵合金は，数分以内で吸蔵が完了するため反応速度が実用上問題になることはほとんどなく，反応速度に関する解析例は少ない．一方，ここに挙げた Mg は貯蔵密度が高いものの，反応速度が低いことなどが課題とされていることから，反応過程の解析や反応速度向上のための研究も多く行われている．

る（図 2.23（b））[*4]．閉鎖系として同様の温度変化にてサイクルさせる場合もある．

(c) 圧力—温度サイクル：降温と昇圧により吸蔵，昇温と減圧により放出させ，吸蔵量と放出量を測定する（図 2.23（c））．実用条件に近いため有用なデータが得られるが，圧力切り替えと同じタイミングで温度の切り替えも行う必要があるため，制御は（a）に比べて複雑になる．反応容器に接する熱媒を切り替える方式などが用いられる．

JIS H7203「水素吸蔵合金の水素吸蔵・放出サイクル特性の測定方法」では，開放系測定（上記（a）に相当）および閉鎖系測定について詳述されている[36]．試験方法は，対象とする材料の使用条件や必要とするサイクル回数等を考慮して選択される．サイクル試験では，多くの場合，サイクル数の増加に伴い貯蔵量の低下やプラトー領域の傾斜などが観測される．その要因は材料や条件により異なるが，格子欠陥やひずみの導入に起因した水素占有サイトの減少や放出時の水素の残留によるもの，部分的な不均化反応（以上，内因性劣化），あるいは水素中に含まれる不純物による表面被毒によるもの（外因性劣化）と考えられており，これらの抑制が実用材料の開発上重要な因子の 1 つとなっている[41−43]．

2.3.4 おわりに

本節では，金属系材料を中心に水素貯蔵材料の水素吸蔵・放出特性の評価方法について説明した．材料開発において，貯蔵特性を的確に評価することがまず重要であるが，それに加えて，評価された貯蔵特性やメカニズムを理解し，次の開発へとつなげることが望まれる．そのためには，構造解析等の詳細な材料の解析・分析が不可欠であり，第 3 章では解析手法のいくつかの例が紹介される．PCT 曲線などの水素貯蔵特性と水素吸蔵に伴う構造等の変化を同時測定する手法も徐々に開発が進められており，反応機構の解明に力を発揮しつつある．このような貯蔵特性評価と解析・分析手法の相補的な活用および同時測定方法の開発・活用をさらに進めていくことが今後の課題である．

[*4]圧力変化はセッティングにより異なる．閉鎖系の場合は水素放出により圧力が上昇するが，放出温度の吸蔵圧以下となるように条件設定される．

2.4 燃料電池材料 —水素は発電中にどうなっているか—

2.4.1 はじめに

1.4節では，固体高分子形燃料電池（PEFC）の現状について説明した．PEFCは，原子レベルからセルレベルまでの階層的なデバイスであり，それに伴って様々な分析法が応用される．PEFC内部の水素については，水素気体がアノード流路に存在するのは当然であるが，水素分子，水素原子および水素イオンとして触媒層，電解質膜さらにはカソード側にも存在する．さらに，水素の量も，燃料電池内部のいろいろな位置において何桁も異なる．これらを一度に分析することは不可能であり，水素の形態およびPEFCの場所によって，分析を切り分けることが必要である．

PEFC内部の水素の分布を困難にするもう1つの原因は，PEFC内部に存在する水（H_2O）の存在である．例えば透過性の高い中性子線等を用いた場合でも，水素分子，水素原子，水素イオンと水のプロトンを分離することは容易ではない．

燃料としての水素を分析することはPEFCにおいて必須でありながら，その分析手法は十分ではない．そうであっても，現存する手法を応用し，水素の挙動が調べられている．本節では，材料内部およびPEFC内部の水素の分析手法の現状を説明する．

2.4.2 触媒表面

水素が水素イオンとしても存在することが，電気化学系であるPEFCの大きな特徴の1つである．水素イオン1つにつき電子1つが反応するために，水素イオンと電子との反応を電流として検出すれば，水素イオンの精密定量が可能となる．

燃料電池の話題に進む前に，酸性溶液中，Pt電極上で起こる電極反応について説明する．「ポテンシオスタット（potentiostant）」という装置を用いることにより，（参照電極を基準として）電極電位を連続的に掃引しながら電極上での電流を測定することが可能であり，様々な電極において「電流—電位曲線」が得られる．1980年代にClavilierらがPt単結晶の作製と取り扱いを確立した後は，Pt単結晶を用いても電流—電位曲線が得られるよ

2.4 燃料電池材料

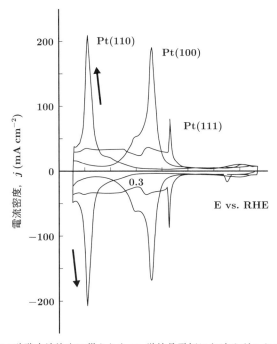

図 2.24　0.5 M 硫酸水溶液中で得られた Pt 単結晶電極におけるボルタモグラム．電位走査速度 0.05 Vs^{-1}，可逆水素電極基準．

出典：犬飼潤治 (2008)．水溶液中における単結晶電極の電流—電位曲線測定，表面科学，**29**，pp.503-505．

うになった[44]．図 **2.24** に，酸性水溶液中で得られた Pt(111)，Pt(100) および Pt(110) 単結晶電極における電流—電位曲線を示す．それぞれの電極の表面だけを溶液と接触させている．電解質にはここでは 0.5 M の硫酸水溶液を用い，電位の走査速度は 0.05 Vs^{-1} としている．電気化学には「作用極」，「対極」とともに「参照電極」が必要であるが，ここでは参照電極として水素電極の一種である可逆水素電極を用いた[45]．

図 2.24 に示されるように，それぞれの Pt 単結晶表面に特徴的な電流—電位曲線が観察されている．電位を正掃引するときと負掃引するときとで，ほぼ上下対称な正負の電流が観察される．これは，正方向の掃引時には表面で酸化反応が起こり，負方向の掃引時には表面で還元反応が起こるためである．この電位範囲においては，具体的には，正掃引時には表面からの吸着水素のイオン化脱離（$H_{ad} \to H^+ + e^-$）と硫酸イオン（あるいは硫酸水

47

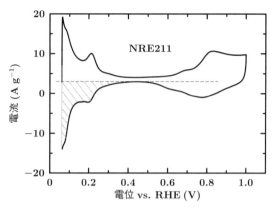

図 2.25 燃料電池 MEA 中で得られた Pt 触媒のボルタモグラム. 電位走査速度 0.1 Vs^{-1}, アノード水素極基準, カソード窒素, セル温度 90℃, 相対湿度 80%.

素イオン）の吸着（$SO_4^{2-} \rightarrow SO_4^{2-}{}_{ad}$），負掃引時には，硫酸イオン（あるいは硫酸水素イオン）の脱離（$SO_4^{2-}{}_{ad} \rightarrow SO_4^{2-}$）と水素イオンの還元吸着（$H^+ + e^- \rightarrow H_{ad}$）が起こっている．これらの反応電位は，Pt(111)，(100), (110) 表面で大きく異なることが観察される．つまり，水素および硫酸イオンの吸着は，表面構造に敏感である．グラフの縦軸は，電流を Pt 表面積（溶液に接触している部分）で割った「電流密度」である．

電流—電位曲線の測定は，燃料電池触媒においても広く利用されている．グラッシーカーボンや Au などの，平坦で水溶液との反応が起こりにくい基板の上に所定量の炭素担持 Pt 合金触媒を展開し，上記の電流—電位曲線を測定する．この場合，図 2.24 で用いられた硫酸ではなく，Pt 上に吸着が起こりにくい過塩素酸を電解質として用いるのが一般的である．電流電位曲線で水素イオンの還元吸着による電流を掃引時間で積分すると，$H^+ + e^- \rightarrow H_{ad}$ に必要とされる電荷量が計算される．Pt 原子 1 個について水素原子 1 個が吸着すると仮定して，得られた電荷量を 210 μCcm^{-2} で割ることにより，触媒中の電気化学的に活性な Pt 総面積が得られる．これを，「電気化学的表面積（ECSA: electrochemical surface area)」と呼ぶ．有効な Pt 表面積がわかるだけではなく，図 2.24 に示されるように Pt 表面の配向性やさらに表面上の汚染なども理解される．

水溶液のみならず，PEFC の膜電極接合体（MEA）内部における ECSA も測定することが可能である．図 2.25 は，単セル内のカソード側 Pt 触媒

の電流—電位曲線である．電解質膜には Nafion® の NRE212 膜が，触媒には市販の炭素担持 Pt 触媒が使用されている．カソードには加湿した空気を，アノードには水素の代わりに加湿した窒素を流通させた．セル温度は，90℃ に設定されている．アノードを参照電極および対極とし，作用極をカソードにすることで，図 2.25 に示すような電流—電位曲線が得られる．図 2.25 では図 2.24 と異なり，Pt 質量あたりの電流が得られている．電極電位 0.5 V より正側で観察される電流は，Pt 表面上への OH$^-$ など酸素種の吸着—脱離によるものである．また，電流—電位曲線が 0.3 A g^{-1} ほど上にずれているが，これはアノードの水素が電解質膜を透過してカソード側にリークしていることを示している．電解質膜中の水素分子の透過については，次項で述べる．

電位 0.4 V 付近でアノード電流とカソード電流の差が小さくなっているが，この部分は Pt 表面への水素や酸素種の吸着による電子のやり取りによるものではなく，触媒層のキャパシター成分によるものである．吸着水素による電荷量を求めるためには，図 2.25 の点線に示されるようにキャパシター成分を取り除き，図中の斜線で示された面積を掃引時間で積分することによる．得られた電荷量を 210 μCcm^{-2} で割ることにより，Pt 質量あたりの電気化学的表面積が得られる．本データを計算することにより，ECSA は 26.2 m^{2}g^{-1} と求められた．

なお，質量変化を精密測定して表面上への吸着水素の質量を測定する手法[46] も存在するが，PEFC に直接応用できないため，ここでは割愛する．

2.4.3 電解質膜

PEFC に用いられる電解質膜においては，水素イオンを十分に透過させるが，水素分子は透過させないことが求められている．しかしながら，実際には 1.4.2 項で述べたように，水素分子も酸素分子も，電解質膜を通ってリークしてしまう．すると，図 1.5 で示したカソード反応（$O_2 + 4H^+ + 4e^- \rightarrow 2H_2O$）には H_2 が関与し，アノード反応（$2H_2 \rightarrow 4H^+ + 4e^-$）には O_2 が関与して，発電性能が低下する．それ以上に問題となるのが電解質膜の劣化である．H_2 および O_2 が電解質膜を透過（クロスリーク）して H_2O_2 が生成され，さらにこの H_2O_2 からラジカルが生成されて電解質膜を

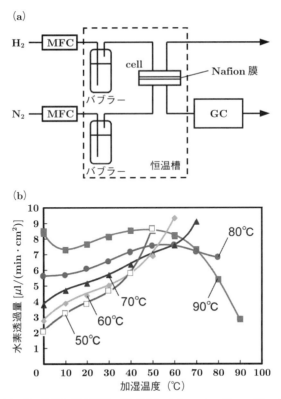

図 2.26 (a) ガス透過率測定装置の模式図と (b) Nafion® 212 膜の水素透過量.
出典：国松昌幸 (2008). ガス透過率測定による固体高分子形燃料電池の評価 (1), 神奈川県産業技術センター研究報告, **14**.

分解することで電池性能および寿命が低下する．

膜内部の水素透過を測定するために，図 2.26 (a) のような装置が利用されている[47]．燃料電池では，供給される水素と空気に対して圧力差を与えずに運転されることが多いため，通常は等圧法（JIS K 7126-2）によりガス透過量が測定される．図 2.26 (a) にセル温度および加湿温度を変化させたときの Nafion® 212 膜の水素透過量の結果を示す[47]．低・中加湿条件では，温度が高くなると水素透過量が増大していることから，膜を形成している高分子鎖の熱運動に伴う分子間隙を通して水素分子が移動する，いわゆる活性拡散流れによる気体透過現象が生じていることが報告された．さらに，加湿温度が飽和に近づくとこの特徴から外れることから，含水率によって膜

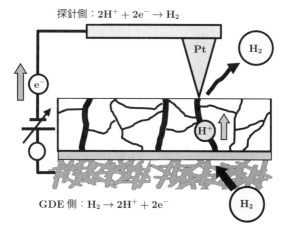

図 2.27 CS-AFM による膜表面イオン導電性マッピングの模式図.
出典:犬飼潤治 他 (2015). 走査プローブ顕微鏡を用いた燃料電池材料の解析, 燃料電池, 15, pp.43-48.

の分子構造が変化することが影響していると考察された.

一方で,水素イオンは電解質膜を十分に透過し,カソード反応を進行させることが求められる.電解質膜内部のイオン導電性は,通常交流インピーダンス測定によって求められている.しかしながら,膜表面を移動する水素イオンの挙動は交流法では理解できず,直流法を用いる必要がある.電解質膜表面における水素イオン輸送挙動の研究のため,燃料電池の作動環境を模擬可能な環境チャンバーを有する電流検出原子間力顕微鏡(CS-AFM: current-sensing atomic force microscope)を用いることにより,PEFC の発電状態を模擬した水素雰囲気下,温度・湿度を制御した条件において,膜表面での水素イオン伝導領域の分布を解析することが可能である.CS-AFM を用いた電解質膜表面の水素イオン伝導領域の計測模式図を図 2.27 に示す[48].測定試料として,触媒層をガス拡散層上に塗布して作製したガス拡散電極上に電解質膜が構築される.通常,先端が Pt-Ir コーティングされた探針が用いられ,探針先端で H^+ からの水素発生反応の電流を検出することにより,電解質膜表面上における水素イオン伝導領域がナノレベルで測定される.さらに,電解質膜表面の形状も同時観測可能である.

図 2.28 に,50 および 70℃,相対湿度(RH: relative humidity)40% および 70% の条件で得られた,炭化水素系電解質膜である SPK-bl-1[49] の表

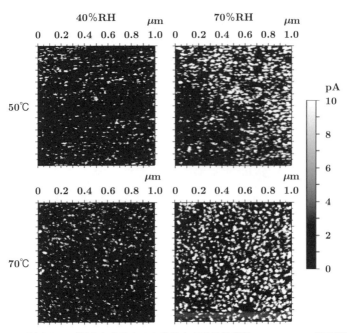

図 2.28 温度および湿度を変化させた炭化水素系電解質膜 SPK-bl-1 の表面電流像.
出典：犬飼潤治 他 (2015). 走査プローブ顕微鏡を用いた燃料電池材料の解析, 燃料電池, **15**, pp.43-48.

面における電流像を示す．この測定では，探針の押し付け圧力を 20 nN，探針—ガス拡散電極（GDE: gas diffusion electrode）間のバイアス電圧を -0.6 V としている．CS-AFM 測定により，電解質膜表面における水素イオン導電領域がはっきりと観察される．温度，湿度の増加に伴って水素イオン伝導パスの個数が増加していた．また，湿度の増加時には個々の水素イオン伝導パスの電流値およびサイズも増加している様子が観察されている．水素イオン伝導パスの個数や電流値が増加する理由として，電解質膜の含水率が増加し膜中や表面で途切れていた水素イオン伝導パスがつながったことや，水素イオン導電率が増加したことなどが考察された．

図 2.28 に示した電流像の水素イオン伝導スポットのサイズ分布，スポットの個数，伝導面積比については，統計的な処理をすることが可能である．水素イオン伝導スポットのサイズ分布では，40%RH では直径 5〜15 nm，70%RH では直径 10〜25 nm の範囲の水素イオン伝導スポットが観察され，

湿度増加に伴う膜の含水により表面水素イオン伝導パスのサイズが大きくなった．一方で，50℃ から 70℃ への温度による変化は，多少スポットのサイズが増加したものの，あまり大きなものではなかった．

　一方，水素イオン伝導スポットの個数の分布においては，スポットの個数は湿度だけでなく温度にも依存していることがわかった．50℃ から 70℃ への温度増加によりスポットの個数は約 1.3 倍に，40％RH から 70％RH への湿度増加によりで約 1.6 倍に増加した．水素イオン伝導面積比は，湿度が 40％RH から 70％RH へ増加することにより 2〜3 倍程度増加している．水素イオン伝導スポットのサイズと個数の両方が湿度増加により増加するため，湿度が変化した場合には温度変化時に比べて伝導面積の大きな増加を示したと考えられた．こうした表面におけるイオン導電性は，燃料電池性能に直接影響を与えるため，電解質膜内部のイオン導電性と同様に非常に重要であることがわかっている [50]．

2.4.4　燃料電池ガス流路

　燃料電池アノードには水素が供給され，発電に用いられる．発電の根幹をなす化学種でありながら，燃料電池内の水素分圧分布を測定する有効な手法はまだ開発されておらず，今後の発展が，強く求められている．一方，カソード側の酸素分圧を可視化する手法は開発され，製品として市販もされている [51]．発電中には，水素とともに酸素も必ず利用されるため，カソードの酸素分圧を測定し，数値シミュレーションを応用することによって水素の利用も推定することが可能である [52]．ここでは，アノードに充満した水素ガスを空気に置き換えるときの酸素分圧を測定することにより，水素／界面について測定した結果を示す．

　燃料電池を自動車に利用する場合，燃料電池を停止・再起動する必要が当然生じる．停止時，アノード流路には水素は供給されなくなり，次第に空気と置き換わる．再起動時には，アノード流路に充満された空気が水素と置き換えられる．このときにカソードの触媒担体の炭素が急激に腐食されることがわかっている．担体の腐食とともに Pt 触媒粒子の脱落も生じ，燃料電池の性能は使用に耐えないレベルまで急激に劣化する．これは，ガス交換時に電解質膜を介して局所電池が自然に構築されてしまい，カソードにおい

第 2 章　水素機能材料の特性を引き出す解析

て $C + 2H_2O \rightarrow CO_2 + 4H^+ + 4e^-$ の反応が進行することによるものだとして解釈された．局所電池を構築するためには，アノード流路内部で水素／酸素界面が現れることが必要であり，この界面を直接観察することを目的に，酸素分圧可視化装置が用いられた．さらに，界面の移動を観察することにより，どの時点でどの場所の炭素が腐食するか推定することもできる．

PEFC 内部の酸素分圧可視化のためには，近傍の酸素分圧によって発光量を単調に変化させる Pt ポルフィリン色素が用いられている[54]．図 **2.29** (a) に PEFC 内酸素分圧可視化用単セルの正面からの写真を示す．カソード側の高分子で作製された透明窓により，セル内部に塗布された色素に励起光を入射するとともに，色素からの発光を外部の CCD カメラにより時間分解で撮影することが可能となる．CCD カメラの各ピクセル（合計数万から数百万）において検量線を取得することにより，酸素分圧の分解能は約 0.1 mm となる．図 2.29 (b) にセル内部の構造模式図を示す．PFA（perfluoroalkoxy alkane）シートに色素膜を約 2 μm の厚さで塗布し，つづら折り 1 本流路の上部に位置している．この色素膜が存在する場所で，酸素分圧の測定が可能となるわけである．図 2.29 (c) に装置の写真を示す．励起光を発生し発光分布を検出する本体部と，測定を制御する制御部とからなっている．セルと本体部は暗室に設置し，迷光を減少させることが望ましい．

図 **2.30** に，アノード流路において空気から水素に置き換えたときの酸素分圧分布を示す．この過程は，燃料電池の再起動時に対応する．燃料電池の温度は 80℃ とし，ガスは空気，水素ともに 40％RH で加湿されている．ガス流速は 167 cms^{-1} であった．図 2.30 の上部に，MEA を劣化させる前の空気の置き換わりの時間変化を示す．はじめに充填されていた加湿空気中の 16.4 kPa（0.162 気圧）の酸素が，水素の導入により出口側に押し出され減少していくことがわかる．酸素／水素の界面が存在し，ここで炭素が腐食する．一方，燃料電池の停止・再起動を模したガス交換サイクルを 500 回行った後の MEA においては，ガス置換速度が劣化前より遅くなっていることが見て取れる．これは，停止・起動サイクルにより，触媒層が激しく劣化したためであると解釈された．実際，劣化後の PEFC においては，発電性能が大きく低下していた．さらに，炭素腐食の結果触媒層に穴が生じていることが，電子顕微鏡により観察された．

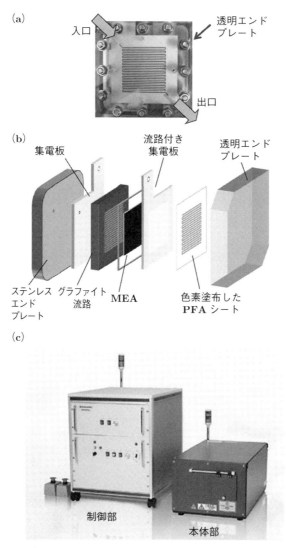

図 2.29 PEFC 内酸素分圧可視化用単セル．(a) 正面写真，(b) セル構造模式図，(c) 製品写真

出典：(a), (b) Ishigami Y. *et al.* (2011). Corrosion of carbon supports at cathode during hydrogen/air replacement at anode studied by visualization of oxygen partial pressures in a PEFC — Start-up/shut-down simulation, *J. Power Sources*, **196**, pp. 3003-3008.
(c) http://www.shimadzu.co.jp/products/niche/o2monitor.html

第 2 章　水素機能材料の特性を引き出す解析

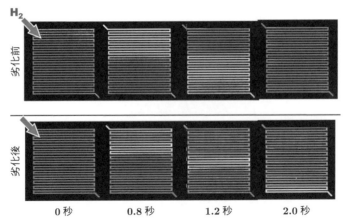

図 2.30　劣化試験前後の PEFC 内の「水素 → 空気」置き換え過程の酸素分圧分布.
出典：Ishigami Y. *et al.* (2011). Corrosion of carbon supports at cathode during hydrogen/air replacement at anode studied by visualization of oxygen partial pressures in a PEFC — Start-up/shut-down simulation, *J. Power Sources*, **196**, pp.3003-3008.

アノード流路内部の水素分圧分布を直接可視化することは現時点では困難であるが，このように，酸素分圧等を観察することで，間接的に水素濃度を推定することが可能となっている．

2.4.5　おわりに

PEFC 内部に多量に存在する液体水および水蒸気と分離して，アノード流路内の水素ガスと触媒層および電解質膜内の水素分子，原子，イオンを一度に計測する手法は，現在存在しない．それ以前に，アノード流路内にある水素分圧分布を可視化する手法も開発されていない．そのため，PEFC 内部での反応挙動をまず理解（あるいは推測）し，断片的な情報を総合して水素の挙動を把握しているのが現状である．この理解に向かうプロセスを補助するために，計算シミュレーションが有効に用いられている[52]．現在の状況を打破するための努力が世界中で進められているが，解決までの道のりは長そうである．様々な分析手法を積極的に導入しながら，水素の挙動について少しずつ理解を深めていくことが，取りうる有効な手段であるかもしれない．

一方で，燃料電池は生体にも似た複雑な階層系であるため，上記のような

アプローチは必然とも考えられる．1つひとつの材料の解析を進めながら系としての評価を進めていくことは，これからも必須であると思われる．

文　献

[1] Gray H. R. (1974). Testing for hydrogen environment embrittlement, *ASTM STP*, **543**, pp.13-151.

[2] Chandler W. T. and Walter R. J. (1974). Testing to determine the effect of high-pressure hydrogen environment on the mechanical properties of metals, *ASTM STP*, **543**, pp.170-197.

[3] 新エネルギー・産業技術総合開発機構 (2008). 水素の有効利用ガイドブック．

[4] 福山誠司，張林，横川清志 (2004). 高圧水素雰囲気中材料試験装置の開発とオーステナイト系ステンレス鋼の水素環境脆化，日本金属学会誌，**68**, pp.62-65.

[5] 井藤賀久岳 他 (2013). 高圧水素ガス中における2種類の高強度オーステナイト系ステンレス鋼のSSRT特性と疲労き裂進展特性，日本機械学会論文集 (A編)，**79**, pp.1726-1740.

[6] 高澤孝一 他 (2010). 高強度低合金鋼の45 MPa水素中における水素環境脆化に及ぼす結晶粒径の影響，日本金属学会誌，**74**, pp.520-526.

[7] 大村朋彦 他 (2006). 高圧水素ガス環境におけるステンレス鋼の脆化特性，材料と環境，**55**, pp.139-145.

[8] 小出賢一 他 (2014). 250℃の高圧水素ガス中でのSUS304鋼の水素脆化感受性，材料と環境，**63**, pp.523-527.

[9] Fukuyama S., Imade M. and Yokogawa K. (2007). Development of new material testing apparatus in high-pressure hydrogen and evaluation of hydrogen gas embrittlement of metals, *Proceedings of PVP2007*, Paper No. PVP2007-26820.

[10] Omura T. *et al.* (2016). Effect of surface hydrogen concentration on hydrogen embrittlement properties of stainless steels and Ni based alloys, *ISIJ Int.*, **56**, pp.405-412.

[11] 山田敏弘，小林英男 (2012). 高圧ガス，**49**, pp.885-892.

[12] 福山誠司 他 (2003). SUS316型ステンレス鋼の低温における水素環境脆化に及ぼす温度の影響，日本金属学会誌，**67**, pp.456-459.

[13] 大村朋彦 他 (2008). 高圧水素環境におけるステンレス鋼の脆化挙動に及ぼす化学組成の影響，材料と環境，**57**, pp.30-36.

[14] 大村朋彦，中村潤 (2011). ステンレス鋼の水素脆性，材料と環境，**60**, pp.241-247.

[15] Hucek H. J. *et al.* (1977). *Handbook on Materials for Superconducting Machinery*, Metals and Ceramics Information Center, Battelle.

[16] WE-NET サブタスク6 (1999). 平成10年度成果報告書，NEDO.

第 2 章 水素機能材料の特性を引き出す解析

[17] Nakagawa H., Fujii H. and Tamura M. (2005). Effect of heat treatment on low temperature toughness of reduced pressure electron beam weld metal of Type 316L Stainless Steel, *Adv. in Cryogenic Eng. Mat.-Trans. of ICMC*, **52**, pp.115-121.

[18] 中村潤, 浄徳佳奈 (2016). 高圧水素用高強度ステンレス鋼, ふぇらむ, **21**, pp.6-11.

[19] 秦野正治 他 (2013). 水素エネルギー用低 Ni 省 Mo 型ステンレス鋼の開発, 燃料電池, **12**, pp.70-74.

[20] 南部智憲 他 (2005). 高い固溶水素濃度状態における純ニオブの水素透過能, 日本金属学会誌, **69**, pp.841-847.

[21] 佐々木剛 他 (2008). 冷間圧延—焼鈍した $Nb_{52}Ti_{25}Co_{23}$ 複相合金の微細組織と水素透過特性, 日本金属学会誌, **72**, pp.1021-1027.

[22] 上宮成之 (2008). 耐熱性水素分離無機膜と表面技術による高性能化, 表面技術, **59**, pp.6-12.

[23] Suzuki A. *et al.* (2016). Anomalous temperature dependence of hydrogen permeability through palladium-silver binary alloy membrane and its analysis based on hydrogen chemical potential, *Materials Transactions*, **57**, pp.695-702.

[24] Uemiya S. *et al.* (1990). Promotion of methane steam reforming by use of palladium membrane, *Sekiyu Gakkaishi*, **33**, pp.418-421.

[25] 小岩昌宏, 中嶋英雄 (2009). 『材料における拡散 格子上のランダムウォーク』, 内田老鶴圃, pp.1-3.

[26] 深井有, 田中一英, 内田裕之 (1998). 『水素と金属 次世代への材料学』, 内田老鶴圃, pp.28-33.

[27] 深井有, 田中一英, 内田裕之 (1998). 『水素と金属 次世代への材料学』, 内田老鶴圃, pp.124-128.

[28] Suzuki A. *et al.* (2016). Analysis of pressure-composition-isotherms for design of non-Pd-based alloy membranes with high hydrogen permeability and strong resistance to hydrogen embrittlement, *Journal of Membrane Science*, **503**, pp.110-115.

[29] Hara S. *et al.* (2009). Pressure-dependent hydrogen permeability extended for metal membranes not obeying the square-root law, *The Journal of Physical Chemistry*, **113**, pp.9795-9801.

[30] 深井有, 田中一英, 内田裕之 (1998). 『水素と金属 次世代への材料学』, 内田老鶴圃, pp.113-123.

[31] Hurlbert R. C. and Konecny J. O. (1961). Diffusion of hydrogen through palladium, *The Journal of Chemical Physics*, **34**, pp.655-658.

[32] Morreale B. D. *et al.* (2003). The permeability of hydrogen in bulk palladium at elevated temperatures and pressures, *Journal of Membrane*

Science, **212**, pp.87-97.

[33] Suzuki A. *et al.* (2014). Consistent description of hydrogen permeability through metal membrane based on hydrogen chemical potential, *International Journal of Hydrogen Energy*, **39**, pp.7919-7924.

[34] 日本工業規格，JIS H7201 (2007). 水素吸蔵合金の圧力—組成等温線（PCT線）の測定方法.

[35] 日本工業規格，JIS H7202 (2007). 水素吸蔵合金の水素化及び脱水素か反応速度測定方法.

[36] 日本工業規格，JIS H7203 (2007). 水素吸蔵合金の水素吸蔵・放出サイクル特性の測定方法.

[37] 例えば，熱分析の原理と応用，一般社団法人日本分析機器工業会. https://www.jaima.or.jp/jp/analytical/basic/cta/principle/（2017 年 10 月 1 日参照）.

[38] Asano K., Yamazaki Y. and Iijima Y. (2002). Hydrogenation and dehydrogenation behavior of $LaNi_{5-x}Co_x$ ($x = 0, 0.25, 2$) alloys studied by pressure differential scanning calorimetry, *Mater. Trans.*, **43**, pp.1095-1099.

[39] Akiba E., Nomura K. and Ono S. (1987). A new hydride phase of $LaNi_5H_3$, *J. Less-Common Met.*, **129**, pp.159-164.

[40] Matsumoto I. *et al.* (2011). Hydrogen absorption kinetics of magnesium fiber prepared by vapor deposition, *Int. J. Hydrogen Energy*, **36**, pp.14488-14495.

[41] Nakamura H. *et al.* (1996). Cycle Performance of a hydrogen-absorbing $La_{0.8}Y_{0.2}Ni_{4.8}Mn_{0.2}$ alloy, *Int. J. Hydrogen Energy*, **21**, pp.457-460.

[42] Nishimura K. *et al.* (1998). Stability of LaNi5-*x* alloys ($x = 0 \sim 0.5$) during hydriding and dehydriding cycling in hydrogen containing O_2 and H_2O, *J. Alloys Compd.*, **268**, pp.207-210.

[43] Kim H., Sakaki K. and Nakamura Y. (2014) Improving the Cyclic Stability of V-Ti-Mn bcc Alloys Using Interstitial Elements, *Mater. Trans.*, **55**, pp.1144-1148.

[44] Wieckowski A. (1999). *Interfacial Electrochemistry: Theory, Experiment, and Applications*, Marcel Dekker.

[45] 藤嶋昭 他編 (1984).『電気化学測定法（上）（下）』，技報堂出版.

[46] Omura J. *et al.* (2011). Electrochemical quartz crystal microbalance analysis of the oxygen reduction reaction on Pt-based electrodes. Part 1: effect of adsorbed anions on the oxygen reduction activities of Pt in HF, $HClO_4$, and H_2SO_4 solutions, *Langmuir*, **27**, pp.6464-6470.

[47] 国松昌幸 (2008). ガス透過率測定による固体高分子形燃料電池の評価（1），神奈川県産業技術センター研究報告，**14**.

第 2 章　水素機能材料の特性を引き出す解析

[48] 犬飼潤治 他 (2015). 走査プローブ顕微鏡を用いた燃料電池材料の解析，燃料電池，**15**，pp.43-48.

[49] Miyahara T. *et al.* (2012). Sulfonated poly-benzophenone / poly (arylene ether) block copolymer membranes for fuel cell applications, *ACS Appl. Mater. Interfaces*, **4**, pp.2881-2884.

[50] Hara M. *et al.* (2016). Effect of surface ion conductivity of anion exchange membranes on fuel-cell performance, *Langmuir*, **32**, pp.9557-9565.

[51] http://www.shimadzu.co.jp/products/niche/o2monitor.html（2017 年 10 月 1 日参照）.

[52] Nagase K. *et al.* (2015). Visualization of oxygen partial pressure and numerical simulation of a running polymer electrolyte fuel cell with straight flow channels to elucidate reaction distributions, *Chem. Electro. Chem.*, **2**, pp.1495-1501.

[53] Ishigami Y. *et al.* (2011). Corrosion of carbon supports at cathode during hydrogen/air replacement at anode studied by visualization of oxygen partial pressures in a PEFC — Start-up/shut-down simulation, *J. Power Sources*, **196**, pp.3003-3008.

[54] Inukai J. *et al.* (2008). Direct visualization of oxygen distribution in operating fuel cells, *Angew. Chem. Int. Ed.*, **47**, pp.2792-2795.

第**3**章

多面的な水素の解析
—水素機能材料のさらなる高度化を目指して—

3.1 昇温脱離による解析 —水素の存在状態を調べる—

3.1.1 はじめに

　温度制御下で試料を加熱し，試料から脱離するガスを分析する方法が昇温脱離法であり，TDS（thermal desorption spectroscopy），あるいは TPD（thermal programmed desorption）と呼ばれる．もともとは，固体表面の吸着原子の脱離解明に用いられ，表面物性や触媒反応の研究に活用され，その後，半導体材料の吸着物質の解明などにも応用されてきた[1]．さらに現在では，加熱することで試料内部に吸蔵された物質をガス成分として抽出し，分析する方法としても使用され，TDA（thermal desorption analysis）とも呼ばれている．近年，金属材料の水素脆化研究では，この昇温脱離法が重要な分析手法の1つとなり，水素量の定量から金属材料内部での水素の存在状態解析まで広く用いられている．理由としては，水素脆性は水素量だけで決まらず，水素の存在状態と密接に関係しており[2]，さらに，破壊までの過程で形成されるナノレベルの損傷を検出できるためである[3,4]．本節では昇温脱離法による金属中に吸蔵された水素の解析技術を中心に概説する．

3.1.2 原理と装置

　昇温脱離法の装置には，大別して2種類ある．1つは，真空槽内で試料を加熱し，脱離した物質を質量分析計で測定するタイプ，もう1つは，高純度のキャリアガス中で試料を加熱し，脱離した物質をキャリアガスと一緒にガスクロマトグラフで測定するタイプである．また，マススペクトルとして結果が得られる質量分析計を検出器としたタイプを TDS，クロマトグラムとして結果が得られるガスクロマトグラフを検出器としたタイプを TDA と

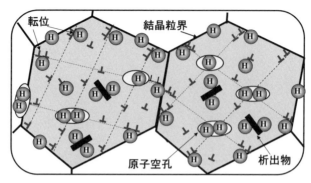

図 3.1　金属中の各種格子欠陥および析出物にトラップされた水素の模式図.

使い分けることもある．

　金属材料中の水素は，ある温度において格子間水素と各種トラップサイト水素の平衡状態にあるが，加熱することで，この平衡関係が変化する[5]．例えば，Fe においては，水素溶解エンタルピーが $+29\,\mathrm{kJ/mol}$[6] の正の値のため，室温で Fe 格子の隙間（主に，四面体位置）に固溶できる水素の量は著しく少ない[7]．しかし，実用の金属材料においては，図 3.1 に示すように原子空孔，転位，結晶粒界，析出物などを含むため，侵入した水素は固溶水素としてではなく，原子配列の乱れたサイトに大部分トラップされることになる[5]．例えば，トラップサイトを含む Fe を真空中あるいはキャリアガス中で加熱すると，トラップサイトから脱離した水素が固溶水素へ移り，Fe 格子の外に放出した方がエネルギー的に安定となるため，温度上昇とともに室温から試料外部へ放出される[5]．一方，水素溶解エンタルピーが $-53\,\mathrm{kJ/mol}$[6] の負の値の Ti の場合，室温近傍において Ti 格子内の水素はエネルギー的に安定であるため，固溶できる水素量は多く，固溶限を超えると水素化物を形成する．そのため，TDA において，約 600℃ 付近と高温から水素の放出が開始する[8]．

　金属材料内部に吸蔵された水素が外部へ放出される過程として，主に以下の 4 段階を経ることになる[9]．

（A）金属内部の格子間水素，あるいは欠陥などにトラップされていた水素原子が脱離する．あるいは，水素分子が水素原子に解離し，格子間水素となる．

3.1 昇温脱離による解析

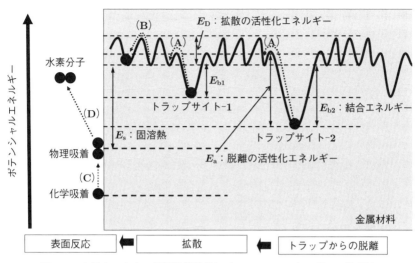

図 3.2 金属中の水素の昇温脱離過程とポテンシャルエネルギーの模式図.

(B) 水素原子が格子間を拡散し，表面に到達する．
(C) 水素原子が表面で会合し，水素分子となる．
(D) 会合した水素分子が表面から脱離する．

図 3.2 に上記 (A) ～ (D) の 4 段階に対応した金属中の水素の昇温脱離過程とポテンシャルエネルギーの関係の模式図を示す．昇温脱離による水素放出過程は右から左への水素の流れ，一方，水素吸蔵過程は図の左から右への流れとなる．以後，Fe および鉄鋼材料の昇温過程においては，(A) の熱解離，あるいは (B) の拡散のどちらかの反応が律速となるため，後に解析上の注意点を述べる．

次に昇温脱離法でわかることを紹介する．昇温脱離法で得られる水素放出速度-温度の関係，すなわち水素放出温度プロファイルから，主に以下の 4 つの情報が得られる．

(a) 脱離ガスの種類の同定
(b) 脱離ガスの定量
(c) 脱離物質の存在状態
(d) 脱離の反応次数

まず，(a) に関しては，質量分析計を検出器とする TDS においては，昇温時に同時に複数のマススペクトルを検出できるため，脱離ガスの種類を同

第3章　多面的な水素の解析

定可能である．水素分析における利点として，質量数18の水に対して一定量の水素がマスフラグメントとして検出されてしまうため，微量水素の定量の場合，試料表面の吸着水から発生した水素を差し引くことで，試料内部から真に脱離した水素のみを抽出可能となる．また，(b)の定量に関しては，得られたプロファイルの面積から水素量を算出可能である．一般には，標準試料あるいは標準ガスの水素量に対して検量線を求めることで定量する．(c)に関しては，得られたプロファイルの変化は，金属内の水素トラップ状態を敏感に反映しており，金属組織，さらには下部組織である各種格子欠陥に対応する．(d)に関しては，水素脱離反応が図3.2で示した(A)の1次反応過程が律速か，(C)の2次反応過程が律速か判断可能である．

　次に昇温脱離プロファイルに及ぼす因子について紹介する．一般に，昇温脱離法を用いて金属材料内の水素を分析する際，主に2つの目的がある．試料内の水素を定量する目的の場合は，測定開始までに比較的弱いトラップ状態の水素の一部が放出してしまうため，厚い試料で測定した方が全体に占める水素の放出割合を抑制できる．逆に，水素の存在状態解析を目的とする場合は，分析条件起因によるプロファイル変化が起こるため，より薄い試料で測定する必要がある．以下ではまず分析条件起因によるプロファイル変化を，次に材料内部起因によるプロファイル変化を説明する．

(1) 分析条件起因のプロファイル変化

　本来，金属材料中の水素のトラップ状態を調べる際，水素がどの温度で脱離するか，すなわち熱解離律速で分析する必要がある．しかし，図3.2で示したように，試料が厚い場合，あるいは昇温速度が大きい場合，水素が試料内部を拡散し，表面から放出されるまでが律速となる拡散律速となる．図3.3に平衡に達するまで水素添加したInconel 625に一定の昇温速度100℃/hで昇温した際の水素放出温度プロファイルに及ぼす板厚の影響を示す[10]．水素放出開始温度は室温からの一定であるが，板厚の増加とともに，水素放出ピーク温度および水素放出終了温度はともに高温へ移動し，プロファイルはブロードになる．板厚0.8 mmにおいて，ピーク温度が約300℃と高温側にあることから，水素は強いトラップ状態と誤解されやすい．しかし，強いトラップ状態なら，板厚を変化させても水素は高温側で放出される．Inconel 625の場合，板厚の減少とともにプロファイルが低温側

64

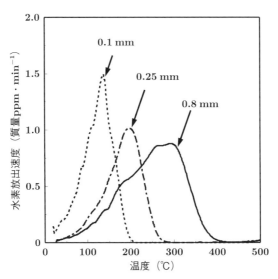

図 3.3 水素温度プロファイルに及ぼす昇温速度の影響．試料：Inconel 625，昇温速度：100 ℃/h．

へ変化するため，この場合は強いトラップ状態でなく，拡散律速起因のため高温側で放出したと判断できる．

また，図 3.4 に平衡に達するまで水素添加した Inconel 625（板厚 0.1 mm）の水素放出温度プロファイルに及ぼす昇温速度の影響を示す[10]．同様に，水素放出開始温度は室温からの一定であるが，昇温速度の増加とともに，水素放出ピーク温度および水素放出終了温度はともに高温へ移動し，プロファイルはブロードになる．

以上のことから，トラップ状態の強弱を判断するためには，板厚および昇温速度を変化させ，これ以上プロファイルが低温側へ変化しない分析条件，すなわち熱解離律速の分析条件で得られたプロファイルで判断する必要がある．なお，その他に分析条件起因でプロファイルが変化する要因として，加熱方式（試料全面から加熱，あるいは一方向から加熱の違い），測温方式（熱電対の位置の違い），測定開始までの時間，検出器の種類，試料中の水素濃度分布なども報告されているため，プロファイルを比較する際は分析条件に注意を払う必要がある[11]．

(2) 材料内部起因のプロファイル変化

昇温脱離法の目的の 1 つは，材料内部に起因する水素-トラップサイト間

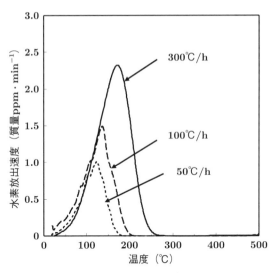

図 3.4 水素温度プロファイルに及ぼす板厚の影響.試料：Inconel 625,板厚：0.1 mm.

の相互作用をプロファイルを通して評価することである.Fe 中の水素-トラップサイト間の結合エネルギー(E_b) および水素トラップ密度(K_X) を変化させた際の水素放出シミュレーション結果を図 3.5 および図 3.6 に示す[12].板厚 2 mm の Fe 試料中に K_X を 1×10^{-4} と一定とし,E_b を増加させると,水素放出ピーク温度および水素放出終了温度はともに高温へ移動し,プロファイルはブロードになる.また,E_b を 58.6 kJ/mol と一定とし,K_X を増加させると,同様に水素放出ピーク温度および水素放出終了温度はともに高温へ移動し,プロファイルはブロードになる.

次に,実験で得られた E_b の違いによるプロファイルの変化の例を紹介する.図 3.7 に水素添加した (a) 焼戻しマルテンサイト鋼,および (b) 冷間伸線パーライト鋼を 30℃ 恒温槽内で各時間保持後,TDA で得られた水素放出温度プロファイルを示す[13].焼戻しマルテンサイト鋼においては,約 200℃ 以下で放出する低温側のピーク (ピーク 1 水素) のみ出現する.30℃ 恒温槽内で 48 h,168 h と保持すると,ピーク 1 水素は徐々に試料から放出し減少することから,拡散性水素と呼ばれる.一方,冷間伸線パーライト鋼においては,ピーク 1 水素の他に,200〜400℃ で放出するピーク 2 水素として明瞭な 2 つのピークが出現する.ピーク 1 水素は 30℃ 恒温槽

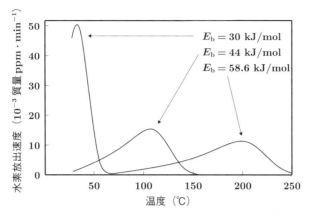

図 3.5　水素放出シミュレーション曲線における結合エネルギーの影響．板厚：2 mm，昇温速度：100 ℃/h，$K_x : 1 \times 10^{-4}$．

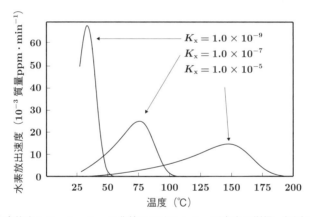

図 3.6　水素放出シミュレーション曲線におけるトラップ密度の影響．板厚：2 mm，昇温速度：100 ℃/h，結合エネルギー：58.6 kJ/mol．

保持で徐々に試料から放出し減少するが，ピーク 2 水素はある保持時間以降，減少しないことから，この状態の水素は非拡散性水素と呼ばれる．ピーク温度の昇温速度依存性からトラップの活性化エネルギー（E_a）を算出すると，ピーク 1 水素の E_a が 20〜30 kJ/mol，ピーク 2 水素の E_a が 65〜90 kJ/mol である[2,14]．このように，水素トラップ状態が拡散性・非拡散性と大きく異なる場合，TDA においても明瞭にピーク分離が可能である．

　TDA による水素の存在状態分離の重要性を示す一例を紹介する．冷間

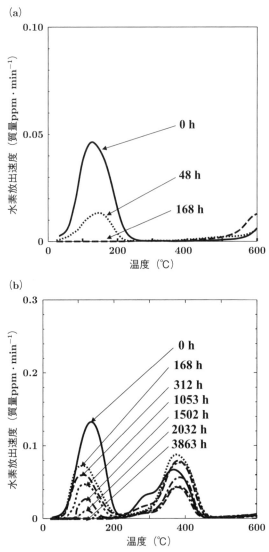

図 3.7 水素添加後，30℃ 恒温槽で各時間保持し，TDA で得られた水素放出温度プロファイル．(a) 焼戻しマルテンサイト鋼，(b) 冷間伸線パーライト鋼．

伸線パーライト鋼を引張試験し，得られた水素脆化感受性に及ぼすピーク 1 水素およびピーク 2 水素の影響を図 3.8 に示す[14]．非拡散性水素であるピーク 2 水素量を増加しても相対絞り（水素添加材の絞り/水素未添加材の

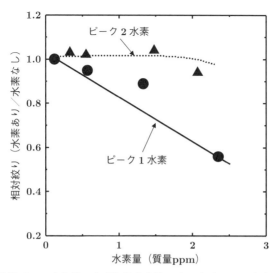

図 3.8 冷間伸線パーライト鋼の水素脆化感受性に及ぼすピーク 1 水素，ピーク 2 水素の影響．

絞り）は約 1.0 を維持し，水素脆化感受性へ及ぼすピーク 2 水素の影響は小さい．一方，拡散性水素であるピーク 1 水素量の増加とともに相対絞りは大きく低下することから，ピーク 1 水素は水素脆化感受性に大きな影響を及ぼす．このように，TDA を用いることで，鋼中に侵入した水素を大別して弱いトラップと強いトラップの状態に分離可能である．このトラップの強弱と水素脆化感受性は直接関係があるため，昇温脱離法は水素脆化研究にとって有益な解析手法である．

3.1.3 水素の存在状態

（1）bcc 格子中の水素の存在状態解析

bcc 格子中における水素拡散は非常に速い．例えば Fe の場合，格子欠陥の影響を極力少なくした格子中の水素拡散の活性化エネルギー（E_D）は 4.5 kJ/mol と小さな値[15]である．また，表 3.1 の bcc 格子中の水素-トラップサイト間の結合エネルギー一覧[16,17]から，E_D に比べて E_b の値が大きいことがわかる．この差を利用して，bcc 格子中に複数のトラップサイトを有する鋼中の水素の侵入過程，および放出過程における水素の存在状態変化を捉えた TDA の結果を紹介する．

第 3 章　多面的な水素の解析

表 3.1　bcc 格子（Fe および鋼）中の各種水素トラップサイトの結合エネルギー一覧.

水素-トラップサイト	結合エネルギー (kJ/mol)
水素-転位の弾性応力場	0〜20
水素-転位芯	58.6
水素-原子空孔	41, 45, 61
水素-Fe$_3$C 界面	19
水素-ひずみを受けた Fe$_3$C 界面	> 84

　図 3.9 に，0.01〜20 質量% までチオシアン酸アンモニウム濃度を変化させた 30℃ の水溶液中に冷間伸線パーライト鋼を試料中心まで水素が平衡に達する 96 h 浸漬した際の (a) 水素放出温度プロファイルと (b) 水素量を示す[14]．低濃度のチオシアン酸アンモニウム水溶液へ浸漬した場合，吸蔵された微量水素はピーク 2 水素として優先的にトラップされる．その後，ピーク 1 と 2 の水素量が平衡分布しながら増加し，ピーク 2 水素量が飽和し一定値に達すると，その後はピーク 1 水素のみが増加し続ける．このような複数の異なった E_b のサイトが存在する水素の侵入挙動の場合，水素は Fermi-Dirac 統計[5] に従った平衡分布を示す．

　一方，複数の異なった E_b のサイトが存在する場合の水素の放出挙動の例を図 3.10 に示す[18]．0.3 質量% V 添加した焼戻しマルテンサイト鋼に平衡に達する 48 h 水素添加した後，30℃ 恒温槽内にて各時間保持した際の (a) 水素放出温度プロファイル，および (b) 残存水素量である．水素添加直後材 (0 d) に比べ，保持時間の増加とともに水素放出開始温度は 25℃ から 80℃ へ，水素放出ピーク温度は 100℃ から 130℃ へと高温側に移動し，最終的に高温側の水素のみ残存する．また，水素添加直後材の水素量は 6.5 質量ppm であるが，保持時間の増加とともに残存水素量が減少し，20 d 以降は約 1.5 質量ppm と一定になる．この残存した水素は，主に母相と V 炭窒化物界面にトラップされた水素である．図 3.9 および図 3.10 ともに，強いトラップ状態の水素は，室温からの放出でなく，それぞれ約 200℃ および約 80℃ からの放出開始温度であることが特徴である．また，水素拡散係数の大きな bcc 格子においては，各種格子欠陥や析出物等のトラップサイトに対応した水素放出温度プロファイルを得ることが可能である．

70

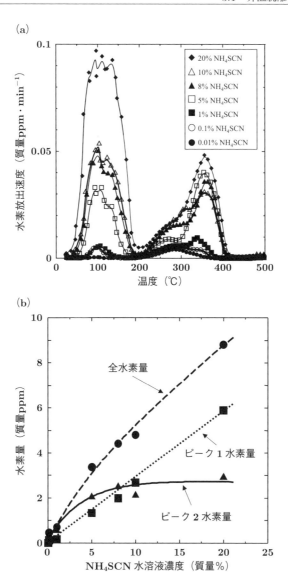

図 3.9 冷間伸線パーライト鋼の (a) 水素放出温度プロファイルおよび (b) 水素量に及ぼす NH₄SCN 水溶液濃度の影響 (30℃, 96 h 浸漬).

(2) fcc 格子の水素存在状態

fcc 格子中の水素拡散は, bcc 格子に比べて著しく遅い. E_D は, Ni で約 40 kJ/mol[6], オーステナイトステンレス鋼で約 50 kJ/mol と報告[19]され

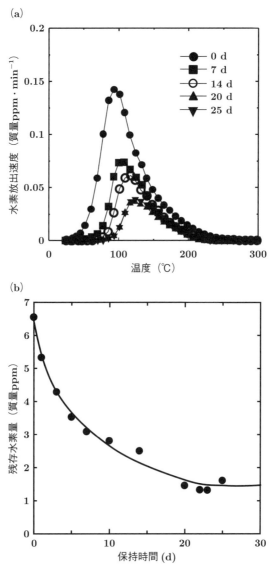

図 3.10 水素添加後, 30℃ 恒温槽にて各時間保持した V 添加焼戻しマルテンサイト鋼の (a) 水素放出温度プロファイルおよび (b) 残存水素量.

ており, bcc である α-Fe の E_D: 4.5 kJ/mol と比較して著しく大きい値である. 一方, 表 3.2 の fcc 格子中の水素-トラップサイト間の結合エネルギー一覧[19]から, fcc 格子においては E_D の 40~50 kJ/mol に比べて E_b の値

表 3.2　fcc 格子中の各種水素トラップサイトの結合エネルギー一覧.

水素-トラップサイト	結合エネルギー (kJ/mol)
水素-転位	< 9.7, 13.5
水素-結晶粒界	0
水素-整合析出物	9.7〜14.5
水素-非整合析出物	28.9

が小さく，bcc 格子における関係とは逆であることがわかる.

　fcc 格子中に複数のトラップサイトを導入した際の水素放出温度プロファイル変化の例を紹介する．1150℃ から水冷した溶体化処理材，1150℃ から炉冷した焼鈍材，溶体化処理材を板厚 0.5 mm から 0.2 mm へ 60% 冷間圧延した冷間圧延材，溶体化処理材を板厚 2.0 mm から 0.2 mm へ 90% 冷間圧延した冷間圧延材の 4 種類を作製した．これらの試料を最終的に 0.2 mm 厚とし，90℃ で板厚中心まで平衡に達する 72 h 水素添加した際の水素温度プロファイルを図 3.11 に示す[10]．焼鈍材の水素量が 21 質量ppm と最も少なく，次いで溶体化処理材の 27 質量ppm，60% 冷間圧延材の 30 質量ppm，そして 90% 冷間圧延材の 71 質量ppm と増加する．焼鈍材は可能な限り格子欠陥量を減少させ，溶体化処理材は高温から急冷することで熱平衡空孔密度より過飽和な原子空孔密度を高め，冷間圧延材は塑性変形により転位と原子空孔密度を高めた試料である．焼鈍材に比べて，その他材料の水素量の増加分は，新たな格子欠陥の形成量と相関する．すなわち，板厚 0.2 mm の Inconel 625 を 100 ℃/h で昇温した際，約 350℃ までに放出されるブロードな単一ピークの水素は主に，固溶水素の他に転位，原子空孔など複数サイトからの脱離に対応する.

　一方，水素量に注目すると，同一チャージ条件にも関わらず，90% 冷間圧延材の水素量は焼鈍材に比べて 3 倍以上多い．これは塑性変形に伴って形成された転位と空孔の密度増加に起因する．このように，fcc 格子中の水素の存在状態解析においては，bcc 格子に比べて著しく小さい見かけの水素拡散係数のため，TDA プロファイルにおいてピーク分離は難しいが，原子空孔や転位密度の変化に伴う水素トラップサイトの増減に関しては，水素量

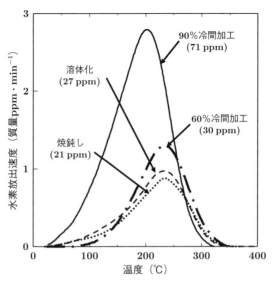

図 3.11　各種熱処理・加工を施した Inconel 625 に平衡に達するまで水素添加した際の水素温度プロファイル．板厚：0.2 mm，昇温速度：100 ℃/h．

として反映される．

3.1.4　欠陥検出

これまで，昇温脱離法を用いた水素量測定および水素の存在状態分離について紹介してきたが，水素を金属材料中の欠陥検出のトレーサーとして用いることで，金属材料中に形成した欠陥の検出も可能となる．

拡散性水素を含んだ焼戻しマルテンサイト鋼の繰り返し応力予負荷前後の水素放出温度プロファイルの模式図を図 3.12（a）に示す[18]．矢印で示したように，繰り返し応力を負荷することで拡散性水素の存在状態に変化が現れ，拡散性水素のピーク温度および水素放出終了温度が高温側に移動する．この理由として，応力負荷過程で新たに形成した空孔および空孔集合体に水素がトラップされ，水素存在状態が変化するためと報告されている[4]．鋼中に侵入した水素は焼戻しマルテンサイト組織中の各種格子欠陥（原子空孔，転位，粒界）およびセメンタイト界面に拡散性水素としてトラップされる．これらの格子欠陥と水素との結合エネルギーは低いことから，水素放出温度プロファイルも低温側（室温〜100℃）にピークが出現する．一方，拡

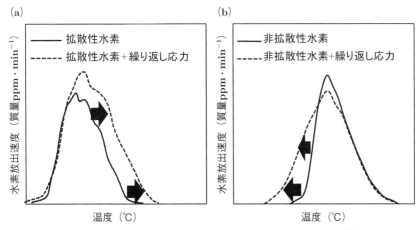

図 3.12 繰り返し応力予負荷前後の (a) 焼戻しマルテンサイト鋼中の拡散性水素の水素放出温度プロファイル変化および (b) V 添加焼戻しマルテンサイト鋼中の非拡散性水素の水素放出温度プロファイル変化の模式図.

散性水素存在下で繰り返し応力が負荷されると，らせん転位の切り合いなどで形成した原子空孔に水素がトラップされることで安定化する．拡散性水素の各種トラップサイトの中では，表3.1に示されるように原子空孔および空孔集合体と水素との結合エネルギーが高いことから，プロファイルの高温側が増加することになる．

一方，非拡散性水素のみを含んだ V 添加焼戻しマルテンサイト鋼の繰り返し応力予負荷前後の水素放出温度プロファイルの模式図を図3.12 (b) に示す[18]．繰り返し応力を負荷することで非拡散性水素の存在状態に変化が現れ，非拡散性水素の水素放出開始温度が低温側に移動する．これは，侵入した水素は V 炭窒化物界面に優先的にトラップされ，非拡散性水素となるが，繰り返し応力予負荷中の転位すべりによって，V 炭窒化物界面に安定にトラップされた水素が脱離・輸送され，不安定な拡散性水素の状態へ変化し，各種格子欠陥 (空孔，転位，粒界など) に再トラップされたためである．

このように，水素は自ら鋼中の欠陥を見つけて結合エネルギーの大きなサイトから優先的にトラップされることから，水素を欠陥検出のトレーサーとして昇温脱離法で分析することで，トレーサー水素の増加量から新たに形成した欠陥相当量，および水素放出温度プロファイルの放出温度域から欠陥の種類まで同定可能である．

3.1.5 水素の存在位置解析

これまで紹介したピーク 1 水素は，実際には単一サイトからの放出でなく，複数のサイトからの重ね合わせで構成されたピークである．そこで，これら複数の放出サイトそれぞれに対応する原子レベルでの水素の存在位置まで解析するため，−200℃ から昇温可能な低温 TDS を用いて，各種格子欠陥を強調した Fe のピーク分離を試みた例を図 **3.13** に示す [13]．転位密度のみ変化させた Fe を準備するため，900℃ アニールした Fe（99.98 質量％Fe）に各引張ひずみを付与後，塑性変形時に形成された原子空孔を 200℃ アニールによって消滅させた．これら試料を厚さ 0.3 mm まで化学研磨し，同一条件で平衡に達するまでトレーサー水素添加し，直ちに液体窒素へ浸漬し，昇温速度 60 ℃/h で低温 TDS を用いて分析した．転位密度を変化させた Fe のトレーサー水素放出スペクトルを図 3.13（a）に示す．ひずみ量の増加，すなわち転位密度の増加にしたがい，約 25℃ ピークの高さが増すことから，この 25℃ ピークは転位からの水素脱離に対応する．

次に，空孔密度を変化させた Fe を準備するため，水素添加しながら Fe に各ひずみを付与した．その後，厚さ 0.4 mm まで化学研磨し，トレーサー水素添加して直ちに液体窒素へ浸漬し，低温 TDS で得られた水素放出スペクトルを図 3.13（b）に示す．水素添加なしでひずみを付与した図 3.13（a）と比較し，水素添加しながらひずみを付与した図 3.13（b）においては，110℃ 付近に新たな水素放出ピークが出現する．陽電子寿命測定においても，水素添加しながらひずみを付与したときのみ長寿命成分が検出されることが報告されている [20]．低温 TDS における 110℃ 付近のピーク（放出温度範囲：−50〜200℃）は原子空孔および空孔集合体からの水素脱離ピークに対応する．このように，結合エネルギーの比較的小さな複数のサイトからの重ね合わせであるピーク 1 水素に関しても，低温 TDS を用いることでさらなるピーク分離が可能となり，水素の存在位置まで同定可能である．

3.1.6 おわりに

最近の水素解析技術の進歩により，各金属組織に対応した水素分布の可視化から，さらには下部組織に対応した水素の存在位置まで検出できるようになった．水素がどこに（格子欠陥レベルでの水素トラップサイトの同定），

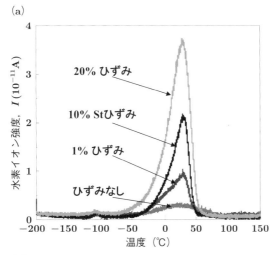

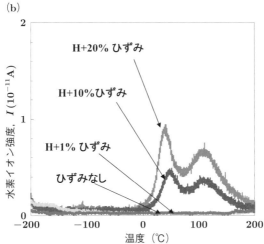

図 3.13 (a) 各予ひずみを付与後 200℃ でアニールした Fe および (b) 水素添加しながら各予ひずみを付与した Fe にそれぞれトレーサー水素添加し, 低温 TDS を用いて得られた水素脱離スペクトル.

 どのくらいの強さで（結合エネルギー），どのくらいの量（占有率）トラップされているかを把握しながら水素脆化試験し，かつ破面近傍の局所領域での解析が進めば，水素脆化の進行過程を原子レベルで解析でき，最終的には水素脆化機構の解明まで至ることが期待される．長年研究されてきた水素脆性というマクロな力学特性劣化の問題に対し，原子レベルでの水素解析技術

第3章　多面的な水素の解析

を組み合わせることで，より水素脆性の本質に迫ることが可能である．このような基礎・基盤技術を積み上げ，水素脆性という学際的かつ複雑な現象を紐解くことで，安全で信頼性の高い水素機能材料の開発，さらにはより安全な水素エネルギー社会構築への展望が開けることが期待される．

今後は，実際に水素脆化破壊した破面直下のより局所な解析や，第一原理計算などの計算科学を用いた，実験で得られた水素放出プロファイルの理論的実証などが課題として挙げられる．

3.2　電子顕微鏡による解析　—水素を直接見る—

3.2.1　はじめに

電子顕微鏡は，粒界，転位といったような材料中の格子欠陥を，マイクロレベルから原子レベルにわたって系統的に構造解析できる代表的な手法である．実際の材料中における水素挙動はこれら格子欠陥に著しく影響を受けることはよく知られており，水素—欠陥の相互作用の詳細解明は材料科学における長年の課題である．古くから（1960 年〜），水素の放射性同位体であるトリチウム（^{3}H）を用いた電子顕微鏡オートラジオグラフィーが試みられ，粒界におけるトリチウム偏析等の観察に基づき間接的に水素の挙動が類推されてきた．今世紀に入り電子顕微鏡の性能が飛躍的に向上し[21-24]，水素原子の直接観察が可能となってきた．以下では，最先端の高分解能電子顕微鏡法と水素原子観察例を概説する．

3.2.2　原理と装置

走査型透過電子顕微鏡法（STEM: scanning transmission electron microscopy）は，収束電子ビームを試料上で走査させ，試料各位置からの透過電子強度を 2 次元マッピングする結像法である．形像に透過電子を用いる点は，よく知られる透過電子顕微鏡法（TEM: transmission electron microscopy）と同様であり，ビームを走査する手法は走査電子顕微鏡法（SEM: scanning electron microscopy）に類似する．一般的な STEM 装置は，通常の TEM 本体にビーム走査制御系と検出器を加えた構成（図 **3.14**左）をとり，その光学系（レンズ励磁系）を変えることで TEM/STEM い

78

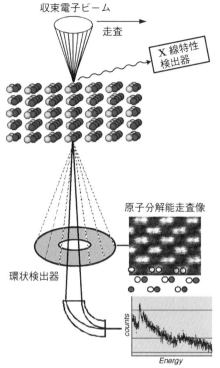

図 3.14 環状検出器と組み合わせた STEM 法.

ずれの結像も可能な仕様となっている．STEM においては試料下に結像のためのレンズがなく，よりシンプルな光学系となっている点に注目したい．LaB_6 電子銃からの熱電子を用いる機器が主流であった時代，STEM の分解能はせいぜい 10 nm 程度にとどまり，その機能はあくまで TEM に付随する補助的な手法としての認識が強かった．しかし，1990 年代に入り高輝度・高干渉性の電子ビームを放射する電界放射型電子銃が一般へと普及し，それに続く 2000 年以降の収差補正レンズの進展[21-27]に伴い STEM は飛躍的な分解能の向上を遂げた．

STEM 法では，微小電子ビーム走査と同期して特性 X 線分光（EDS: energy dispersive spectroscopy）や電子エネルギー損失分光（EELS: electron energy loss spectroscopy）等のスペクトルを取得すれば，高い空間分解能での化学情報（組成，電子状態等）のマッピングも可能である（図 3.14）．

第3章　多面的な水素の解析

これらの利点ゆえ，現在STEM法は多種多様な物質や実用材料の局所解析へと適用され，高分解能電子顕微鏡法の主流となっている[29-32]．

今日広く用いられる高角散乱環状暗視野法（HAADF：high-angle annular dark-field）[29,30] は，構造中の重元素位置を効果的に浮かび上がらせるが，相対的に軽元素位置からの情報は大きく減じられてしまうことになる．近年，軽元素位置を捉える超高感度イメージング法として，収差補正後の大角度収束ビームを用いた環状明視野（ABF: annular bright-field）STEM法が注目を集めている[33,34]．通常のSTEM明視野結像と比較してABF結像は極めて高感度であり，結晶中のLi原子[35,36] や水素原子[37,38] が観察されるまでに至った．Creweらによる先駆的なSTEM開発からおよそ半世紀を経て，環状検出器を暗視野から明視野へと転ずることで，電子顕微鏡はついに周期律すべての元素観察を可能とする計測装置となったのである．

STEMにおける明視野像は，通常のTEM法における結像と等価であることが相反定理より導かれる[39]．図3.15 (a) に示すTEM法において，光源（point source）から放出される電子は平面波として試料上の一点へ入射し，散乱・回折された後にレンズによって収束され，結像面における一点の強度を与える．この光路図（ray-diagram）を上下逆さまにすると，STEMにおける明視野結像となる（図3.15 (b)）．すなわち，レンズにより収束されて，斜め方向からある角度を持って試料上の一点へ入射する平面波（電子）は散乱・回折され，光軸に沿った真下の明視野検出器上に強度を与える．通常の高分解能TEM法においては，入射電子ビームの平行性をできるだけ高めて空間可干渉性を得ているが，これはSTEMにおいて明視野検出器を極力小さくし，そこへ到達するビームの平行性を高く保つことに対応する．この設定のもとでは，STEM明視野像は高分解能TEM像と等価な位相コントラストを呈することとなる．

収差補正後のSTEMでは，位相の揃った高干渉性の電子ビームを大きな収束角で入射することが可能となった．この大きな透過ビームディスク中（すなわち，000ディスク）に環状の検出器設定をするのが環状明視野（ABF）STEM法である（図3.16 (b)）．ABF結像の特徴は，相反定理によってホローコーン照射（HCI: hollow-cone illumination）TEM法（図3.16 (a)）と等価であることが示される[38,40]．TEMにおけるHCI法は，

80

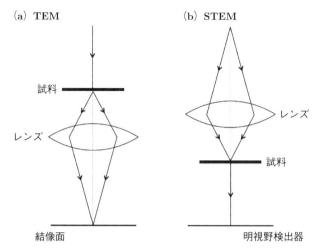

図 3.15 (a) TEM および (b) STEM 明視野結像の光路図 (ray-diagram). 互いに相反性 [39] が成立する.

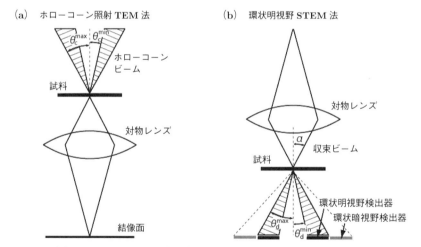

図 3.16 (a) ホローコーン照射 (HCI) TEM および (b) 環状明視野 (ABF) STEM の光路図 (ray-diagram). 互いに相反性が成立する.

高分解能・高感度実現のための一手法として40年以上も前から試みられていたが [41,42], 高い精度でのビームロッキング照射が要求されるなど, その真の実力の発現には装置的な困難があった [43]. 上下逆さまとして STEM-ABF 法へと代替することで, 比較的シンプルかつ安定な装置構成をもって, そのコンセプトが実現できたともいえよう.

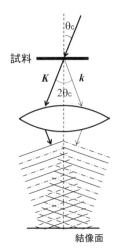

図 **3.17** ビーム斜め入射における色消し条件を説明するための模式図.

　ビームを斜めに入射するHCI法は，古く光学顕微鏡の時代より実践されていた[44]．その主要な原理は，位相コントラスト法におけるa) 色収差 (C_c) 影響の軽減，およびb) 情報限界の向上，の2点である．まず，a) について述べる．通常の軸上照射結像では，散乱波 (k) は C_c の影響により位相が乱されるため，C_c の影響を受けない光軸に沿う透過波 (K) との干渉性が損なわれてしまう．ビームを試料へ斜め入射（軸外照射）することで，透過波も C_c の影響を受けることになるが，このときビーム入射角に対応する散乱波（図 **3.17**）は透過波と同じだけの C_c の影響を受けることになる．すなわちこれらは互いに可干渉となり，部分的に C_c の影響を打ち消す状況が実現する．続いて，b) について述べる．位相コントラストの情報限界は，像強度主要成分である透過波と散乱波の干渉（線形結像項）に関して，後者の高周波域をどこまで結像に取り込めるかで与えられる．この高周波限界は，主にレンズの位相伝達特性と C_c で決まる装置定数であるが，図 **3.18** に示すように，軸上照明における限界が光軸回りの太線丸で与えられたとしよう．このとき，この限界角度までの斜め入射が可能となり，結果として最大で2倍までの高周波散乱が結像に寄与できることになる．

　以上の効果から，HCI-TEM法における位相コントラスト伝達関数（PCTF: phase-contrast transfer function）は，レンズの波面収差関数 $\chi(q)$（q は散乱ベクトル）を用いて以下のように表される[40,42]．

3.2 電子顕微鏡による解析

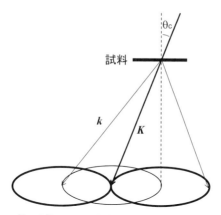

図 3.18 ビーム斜め入射における情報限界の拡張を説明するための模式図.

$$L(\boldsymbol{q}) = \frac{1}{2\pi(\theta_c^{\max} - \theta_c^{\min})} \int_{\theta_c} \int_{\phi} \sin(\chi(\boldsymbol{k}) - \chi(\boldsymbol{K})) d\phi d\theta_c \quad (3.1)$$

ここで, ϕ は光軸回りの方位角, θ_c はコーン入射角を表す. 図 3.16 との対応により, HCI-TEM における θ_c の最小角 ($\theta_c^{\min}$) と最大角 ($\theta_c^{\max}$) は, それぞれ ABF-STEM における検出器の内角 ($\theta_d^{\min}$) と外角 ($\theta_d^{\max}$) に相当することになる. 式 (3.1) をもとに, 最適な PCTF を与える θ_c の角度範囲を見積もってみよう. 収差補正後の TEM/STEM 機において 3 次の球面収差 (C_s) が 0 であるとすると, 5 次の球面収差 (C_5) がレンズ位相伝達を支配することになる[38]. このとき, 固定された θ_c に関して PCTF は

$$L(u, \theta_c) = \oint \sin\left[\frac{\pi}{3} C_5 \lambda^5 \left\{ \left(\sqrt{(u + \theta_c \cos\phi)^2 + (\theta_c \sin\phi)^2}\right)^6 - \theta_c^6 \right\} \right] d\phi \quad (3.2)$$

で与えられる. ここで, u は $\boldsymbol{q}$ の大きさ, λ は入射電子波長を表す. 今回, 式 (3.2) に沿った計算は一定以上の高周波域をカットするための絞りを入れていないため, 図 **3.19** に示すように $\boldsymbol{q}$ に対して微細に振動する様が現れている. この振動とは別に, $\boldsymbol{q}$ に対して大きなうねりを示す振る舞いも見て取れ, PCTF が最初にゼロとなる (first-zero) 情報限界の目安点が θ_c に依存してわずかずつシフトすることがわかる (図 3.19 挿入図). このような特徴をもとに θ_c 範囲の最適化を試みた結果, 11 mrad $\leq \theta_c \leq$ 22 mrad における PCTF (式 (3.1)) が良好な形状を示すことが判明した[38]. 図 3.19

第 3 章 多面的な水素の解析

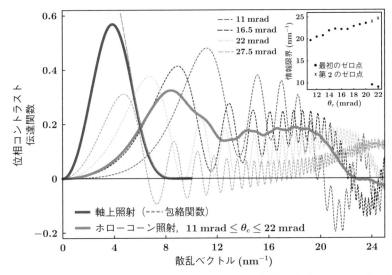

図 3.19 ホローコーン照射における位相コントラスト伝達関数（HCI-PCTF）．波長 2.5 pm，$C_5 = 1.5$ mm として計算した．点線で示す曲線は固定された θ_c での PCTF を表し，各々が最初にゼロとなる値（first-cross point）を右上にプロットしてある．θ_c が 20 mrad より大きくなると first-cross point が 10 nm^{-1} 以下の低周波域となることから，20 mrad 近傍で $\theta_c^{\max}$ が最適化される．角度範囲（$\theta_c^{\min} \sim \theta_c^{\max}$）が最適化された HCI-PCTF を太線（高周波側）で示す．比較のため，軸上照射における PCTF を太線（低周波側）で示した（主なパラメータ[45]：$C_s = -40$ μm，デフォーカス値 = 9 nm，$C_c = 1.4$ mm）．付随する点線は色収差による包絡関数である．

中に高周波域まで伸びた太線で示すように，その情報限界（first-zero）は 22.5 nm^{-1} にまで達しており，これは実空間で 44.4 pm の相関距離に相当する．比較のため，一例として示した軸上照射における収差補正 TEM の PCTF[45]（図 3.19 中の低周波側の太線）の情報限界を大きく上回ることが一目瞭然であろう．軸上照射 TEM の情報限界は，C_c による包絡関数（点線）により著しく制限されてしまうのである．HCI-PCTF でさらに特筆すべきは，全体に高周波域までなだらかな形状となっており，広い周波数域でほぼ同程度に位相が伝達されることが期待できる．それゆえ，単に情報限界に相当する分解能のみならず，弱い散乱体である軽元素の結像に際してシグナル・ノイズ比の改善が見込まれるのである．

3.2.3 結晶中水素原子の観察

前項で導出した θ_c 範囲は，ABF 結像に最適な検出角度範囲を与える．これをもとに，結晶中の水素原子の ABF-STEM 観察がなされている [38]．これ以前の電子顕微鏡による水素原子観察としては，グラフェン上に吸着した個々の原子（ad-atom）を通常の TEM 位相コントラストで捉えたとする，極めて興味深い報告がなされていた [46]．ただ残念なことに，その後の検証によって実際に観察されていたのは水素原子ではなく，より安定な複合欠陥構造であろうとの結論に至っている [47]．その議論の中心は，観察中の水素原子の安定性であった．すなわち，もし観察コントラスト（黒点）が吸着水素原子であったならば，ビーム照射中に頻繁に脱離・吸着（すなわち黒点の生成・消滅）を生じることが予測されるが，このような振る舞いが全く見られず，黒点コントラストが極めて高い安定性を示したためこの判断に至った．TEM/STEM 実験は，極高真空中での高エネルギー電子ビーム照射という，軽元素にとっては過酷な環境のもとで行われるため，観察時には「何を捉えているのか」について特に気を付けなくてはいけない．結晶中の水素原子観察においては，高エネルギー電子ビーム照射中のノックオン等の損傷を十分に抑制する必要があるため，van't Hoff プロット [48]（図 **3.20**）に基づいて相安定性の極めて高い YH_2 結晶を観察試料として選択した．

水素化物 YH_2 は蛍石型構造を持ち，[100] 方位からの STEM 観察により Y 原子と H 原子がそれぞれ独立に投影される（図 **3.21** 左）．ABF 検出器角度範囲を前述の $11\,\mathrm{mrad} \leq \theta_d \leq 22\,\mathrm{mrad}$ に設定した STEM 観察により，水素原子コラム位置が有意な黒点として結像された（図 3.21 右）．なお，この水素位置の強度は，HAADF 結像はもちろんのこと，中央のマスクを取り除いた（すなわち，環状とはしない）大角度明視野結像においても生じないことが実験的に確認されている [38]．すなわち，明視野ディスクに環状検出器を挿入する ABF 結像においてのみ，水素観察が可能となるのである．水素位置の ABF 強度は，図 **3.22**（b）の上段に示すように，マルチスライス法によるシミュレーションにてよく再現される．ABF 検出器上では，多数の高次反射ディスクまでが重なり合う多波干渉の状態にあるため（図 3.22（a）），散乱波同士の干渉による非線形結像項によって偶然水素位置に虚像を生じている可能性がある．これを検証するため，蛍石型 YH_2 構

第3章 多面的な水素の解析

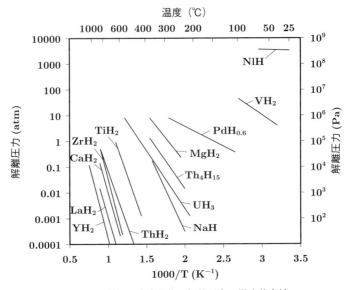

図 3.20 種々の水素化物の解離圧力の温度依存性.

出典：Yürüm, Y. (1994). *Hydrogen Energy System, Utilization of Hydrogen and Future Aspects*, Kluwer Academic Publishers.

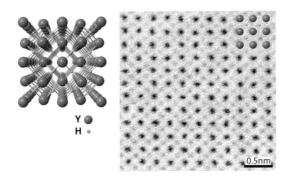

図 3.21 PCTF により最適化された ABF 検出器角度設定により取得した YH_2 結晶（左）の原子分解能 ABF-STEM 像.

造より H を取り除いた仮想結晶についても同条件でシミュレーションを行った．その結果の一部を図 3.22 (b) の下段に示すが，いずれの場合においても水素位置に黒点は生じ得ないことが確認された．これらの事実より，図 3.21 の ABF 像は水素原子を捉えた結像であると結論することができる．

　水素位置の ABF 強度をさらに詳しく調べるため，実験とシミュレーショ

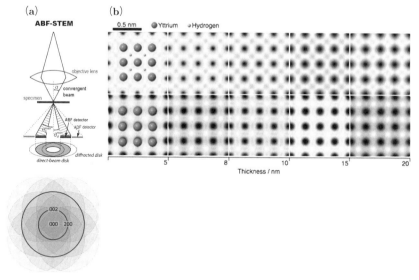

図 3.22 (a) YH$_2$ 結晶観察時の ABF 検出器上の回折ディスク重なりの様子の模式図. (b) マルチスライス法による ABF-STEM シミュレーション像. 上段が YH$_2$ 結晶, 下段が H をすべて取り除いた仮想結晶に関する計算結果である (主なパラメータ：デフォーカス値 ~0 (nm), $C_{\rm s}$ ~0 (mm), C_5 ~1.5 mm).

ンを比較した (図 3.23). 観察領域の試料厚さは, EELS 法に基づく非弾性散乱平均自由行程の測定からおおよそ 8 nm 程度と見積もられ, この厚さに対応する計算強度とよい一致を示す. ただし, 水素位置の ABF 強度は, 図 3.23 (b) の試料厚さ依存の変化 (thickness map) からわかるように動力学的散乱効果によるうねりを生じ, 10 nm 厚さ付近で極大をとり, 20 nm 厚さ付近では極小となる様子が明瞭に見て取れる. すなわち, 図 3.21 の ABF 像強度は水素の原子散乱因子を線形に反映するものではなく, 動力学的散乱効果により強調されたコントラストとして水素位置を捉えている, というのがより正確な解釈となろう. 水素の投影ポテンシャルがさらに微弱となる YH$_2$ 結晶 [110] 方位からの ABF-STEM 観察も行われており, この厳しい条件下においても水素原子コラム位置に有意な強度を得ることを, 実験およびシミュレーションにて確認されている (図 3.24). こちらも動力学的散乱効果によって増幅された水素位置のコントラストではあるが, ABF 結像が極めて高感度であることを示す結果である.

電子の動力学的散乱効果の下での ABF 結像で特筆すべき点は, 通常の軸

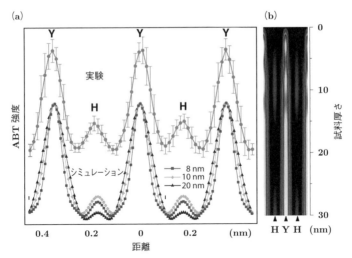

図 3.23 (a) Y 位置と H 位置の実験と計算の ABF 強度プロファイルの比較. (b) 厚さ 30 nm まで計算した Y 位置と H 位置の ABF 強度の試料厚さ依存の変化 (thickness map). (a), (b) いずれにおいても, ABF 強度は反転して示してある.

上照射での TEM 位相コントラスト像において頻繁に発生する原子位置の白黒コントラスト反転が起こりにくい (例えば図 3.23 (b), 図 3.24 (d)) ことである. 原子位置におけるコントラストの一貫性 (非反転性) は, 高分解能電子顕微鏡法における原子直視性の観点から重要な性質となるが, これは ABF 法が強い軸上透過ビームを用いない結像であるため, と定性的には解釈できる. ただし, ABF 検出器上では多数の回折ディスクが重なりあうコヒーレント収束電子回折の条件にあり (図 3.22 (a)), ABF 強度は検出器上の干渉パターンに強く支配されていることを忘れてはいけない. 実際, 例えば同じ蛍石型構造を有するいくつかの水素化物について ABF 像のシミュレーションを行うと, 格子定数や元素の組み合わせの違いによって水素位置強度 (コントラスト) は顕著に変化するとともに, ある条件下では虚像の発生やコントラスト反転も起こりうることが確認される. ABF 像では, 広い観察条件範囲において原子位置が黒となることは確かであるが, 従来の TEM 位相コントラスト法と同様, その正しい解釈にはシミュレーションとの対応が不可欠となる.

3.2 電子顕微鏡による解析

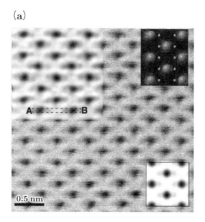

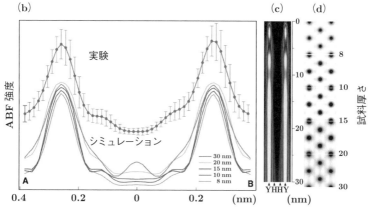

図 3.24 (a) YH$_2$ 結晶 [110] 方向から取得した原子分解能 ABF-STEM 像. 左上に画像処理（low-pass filter 処理 [38]）した像，右下には試料厚さ 10 nm のシミュレーション像をそれぞれ挿入している．(b) Y 位置と H 位置の実験と計算の ABF 強度プロファイルの比較．(c) 厚さ 30 nm まで計算した Y 位置と H 位置の ABF 強度の試料厚さ依存の変化（thickness map），および (d) 対応する ABF-STEM シミュレーション像．(a)，(b) の ABF 強度は反転して示してある．

3.2.4 おわりに

環状検出器による明視野 STEM 法が，極めて高感度な位相コントラスト法であることの原理を簡潔に述べ，水素化物結晶中（YH$_2$）の水素原子位置を可視化した例を紹介した．本節で示した位相伝達特性（PCTF：図 3.19）は，色消し条件や斜め入射効果を最大限に取り入れた理想条件での計算結果であり，実際には装置の不安定性因子等により完全に実現されては

89

いない点に注意すべきである．また本節における議論の中心は，ABF 結像におけるレンズ伝達の役割であり，ABF-STEM 法の総合的な理解のためには，試料内での電子ビーム伝播の議論[49] も不可欠であることは言うまでもない．

Crewe が開発した環状検出器による STEM 法[28] は，暗視野結像の枠組みを超えた明視野結像においても威力を発揮し，水素原子までを直接観察できるまでの装置となった．本節で示した水素原子観察は，既知構造中の水素位置が見えるか・見えざるか，の原理証明（proof of principle）の域を出てはいないものの，局所水素計測法として大きな一歩を踏み出したといえよう．今後は，未知の水素化物結晶の解析や，さらには電子顕微鏡が得意とする粒界・転位等の欠陥における水素偏析の様を捉えることに期待したい．本文中でも述べたように，水素原子を捉えるための最も重要な条件の 1 つは，STEM/TEM 観察中にそれらが「安定に」一定時間とどまることである．ごく最近では，ガス雰囲気下での高分解能 STEM/TEM その場観察[50] も可能となりつつあり，実用材料をより実際に近い環境下で計測できる日もそう遠くはないと思われる．また，STEM 法における環状検出器をさらに細分割した巧妙な結像[51,52] により，ABF よりもさらに高感度なイメージング法を目指す試みも展開されており，電子顕微鏡が個々の水素原子を含めた局所極微弱ポテンシャルを捉える可能性もますます高まっている．水素機能材料の研究・開発に携わる読者にも電子顕微鏡の動向を注視いただき，共同施設等[53] を通じて積極的に利用されたい．

3.3 陽電子消滅による解析
—ナノ欠陥と水素との関係を調べる—

3.3.1 はじめに

材料中の原子レベルの格子欠陥（原子空孔等）を捉える解析手法がなかったために，水素と材料ナノ欠陥との相互作用は未知の領域であったが，古くから知られている構造材料の水素脆化も，水素吸蔵合金等の機能材料のサイクル劣化も，水素と材料中の結晶格子欠陥との相互作用によるところが大きいことが明らかとなってきた．

3.3 陽電子消滅による解析

陽電子消滅法の出現によって，材料中の原子レベルの格子欠陥を直接捉えることが可能になった．材料中に入った陽電子は，正の電荷を持つために空隙を伴う結晶格子欠陥（原子空孔や転位）に捕獲され，精度良くその情報を与えてくれる．例えば原子空孔であれば1原子ppmでも検出可能であり，さらにナノレベルの空孔集合体の大きさや形状も知ることができる．本節では，まず陽電子消滅法について入門的な説明をしたのち，結晶格子欠陥の実際の測定例を示す．次に，材料の水素化によって大量の格子欠陥，特に原子空孔が形成されることを実験的に示し，さらにその物理的な形成原因についても説明する．

3.3.2 原理と装置

陽電子（e^+）は，すべての物質・材料を構成する電子（e^-）の反粒子である．その存在は1930年にDiracによって理論的に予言され，その後1932年にAndersonによって，宇宙線の中から発見された．質量とスピンは電子と同じであるが，正の電荷を持っている．物質中に入射された陽電子は，短時間のうちに電子と対消滅し，γ線となる．この消滅γ線を検知して物質の電子密度，電子運動量分布等を計測する手法が陽電子消滅法である．

質量とエネルギーは等価（$E = mC^2$）であり，高エネルギーのγ線から陽電子・電子対を生成することができる．日本でも，産業技術総合研究所や高エネルギー加速器研究機構で，リニアックを用いて陽電子を発生させ，物性測定や表面解析実験等に利用されている．

より簡便に陽電子を手に入れる方法がある．陽子過剰側の放射性同位元素の多くは，電子ではなく陽電子を放出して安定核になる（β^+崩壊）．最もよく利用される陽電子線源は，^{22}Naである．^{22}Na核は陽電子を放出するとほぼ同時に，1.28 MeVのγ線を放出する．このγ線を検知することで，陽電子の発生時刻を知ることができる．また，半減期も2.8年と長く，NaClとして市販されており扱いやすい．

^{22}Na陽電子線源を用いた陽電子消滅法の原理を，図 **3.25** に示す[54]．線源から放出された陽電子は，研究対象である物質・材料に入射する．陽電子が発生した時刻は，上述のように1.28 MeVのγ線を検出することで知ることができる．試料中に入射した陽電子は，ごく短時間（$\sim$1 ps）のうち

91

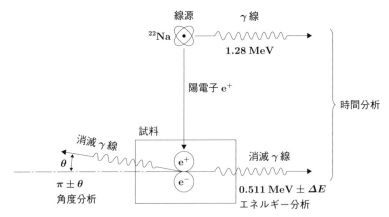

図 3.25 陽電子消滅法の測定原理を示す模式図．時間分析を行うのが陽電子寿命法，角度分析を行うのが角相関法，エネルギー分析を行うのがドップラー幅広がり法と呼ばれる．

に熱エネルギー（〜kT；k は Boltzmann 定数，T は絶対温度）程度まで運動エネルギーを失う（熱化される）．熱化された陽電子は，試料中の電子と最も高い確率で 2 光子消滅し 2 本の γ 線を放出する．この陽電子・電子対消滅の前後で，エネルギーと運動量の保存則が成立する．したがって，両 γ 線のエネルギーはそれぞれほぼ 511 keV（$E = mC^2$ の m に電子の静止質量を代入した値）となり，ほぼ正反対（π）の方向に放射される．

^{22}Na 陽電子線源を用いると，陽電子の消滅寿命は，上記の 1.28 MeV の γ 線を検出してから，それに対応する陽電子が物質中の電子と対消滅し，511 keV の消滅 γ 線を放射するまでの時間を計測することによって計測される（図 3.25）．横軸に陽電子が消滅するまでの時間をとり，縦軸に各消滅時間で消えた陽電子の数をプロットすると，陽電子寿命スペクトル T(t) が得られる．陽電子を捕獲する格子欠陥が十分少ない純物質中での陽電子寿命スペクトル T(t) は，

$$\mathrm{T}(t) = \frac{1}{\tau_\mathrm{f}} \exp\left(-\frac{t}{\tau_\mathrm{f}}\right) \tag{3.3}$$

となり，1 つの指数関数で表される．ここで t は陽電子が物質に入射してから消滅するまでの時間である．ここに現れる時定数 τ が陽電子消滅寿命と呼ばれるものである．この場合の陽電子寿命 τ に f をつけたのは，格子欠陥

に捕獲されずに free な状態から消滅した陽電子の寿命を表すためである.

式（3.3）から明らかなように，陽電子寿命は縦軸を対数でプロットした陽電子寿命スペクトルの傾きの逆数として求められる．物理的には，陽電子寿命は陽電子消滅速度の逆数であり，陽電子消滅速度は消滅位置での電子密度に比例する．したがって，純物質中の陽電子寿命を原子番号で整理すると，周期律に対応した変化が見られる．格子欠陥の十分少ない金属結晶中の陽電子寿命は大変短く，100〜150 ps 程度である．ちなみに，1 ps は光が 0.3 mm 進む時間である．なお，陽電子寿命スペクトルの測定方法の詳細は，JISC 標準仕様書（TS Z0031：2012）に記されている.

1950 年代の陽電子消滅実験の黎明期から 1970 年代にかけて，陽電子消滅法は主として物質の電子構造の研究に用いられた．競合する他の計測手法に比して，測定に強磁場や低温等を必要としない．最も盛んに行われた測定は，対消滅で放射される 2 本の消滅 γ 線（511 keV）のなす角度を測定する角相関法である（図 3.25）．消滅前の電子が持っていた運動量の γ 線に垂直方向の成分は，2 本の消滅 γ 線のなす角度の π からのずれ θ として観測される．この消滅 γ 線の角度分布測定は，金属のフェルミ面の形状計測等に盛んに用いられた.

一方，消滅前の電子が物質中で持っていた運動量の γ 線方向の成分は，消滅 γ 線のエネルギー（511 keV）にドップラーシフト ΔE を与える（図 3.25）．消滅 γ 線のエネルギー分布測定は，ドップラー幅広がり法と呼ばれ，上記の角相関法と同じく電子の運動量分布を与えるが，計測器のエネルギー計測精度の限界から，電子の運動量分布の計測にはあまり用いられてこなかった.

1960 年代の後半になると，同じ物質を測定しても，陽電子寿命や角相関，ドップラー幅広がりに差が見られることが明らかになり，その原因究明が行われた．その結果，金属中で熱化された陽電子は結晶格子欠陥，特に原子空孔や転位に捕獲され局在化し，その位置で電子と対消滅すると考える仮説が提案された．この考え方は，当時「トラッピングモデル」と呼ばれていたが，試料物質の温度上昇に伴う陽電子寿命の上昇や，角相関曲線やドップラー幅広がりの尖鋭化をうまく説明することができ，今ではその正しさが広く受け入れられている.

第 3 章　多面的な水素の解析

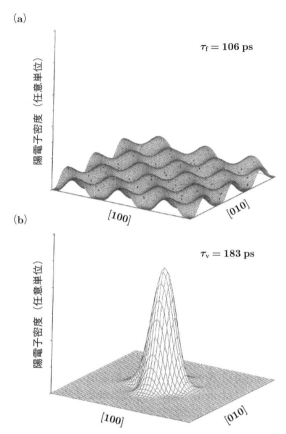

図 3.26　純 Pd 結晶中の陽電子密度の計算値．(100) 面上の 4×4 原子位置について示されている．(a) は完全結晶中の陽電子．陽電子密度は Pd イオン殻部で最も低く，格子間位置で最も高い．(b) は中央にある原子空孔に捕獲され局在化した陽電子．

図 3.26 (a) は，純 Pd 中の熱化された陽電子の存在確率を計算したもので，{100} 面について表示している[55]．正電荷を持つ陽電子は，正に帯電した Pd のイオン殻から離れた格子間位置に広がっていることが見てとれる．このとき陽電子寿命 τ_f はおよそ 106 ps と計算される．一方，この面内の中心にある原子を取り除き，原子空孔を導入すると，図 3.26 (b) に示すように，陽電子は原子空孔に捕獲されその位置に局在化する．格子欠陥に捕獲された陽電子は，その位置で電子と対消滅する．原子空孔 (vacancy) 位置では電子密度が低く，陽電子寿命 τ_v は 183 ps 程度まで長くなる．また，

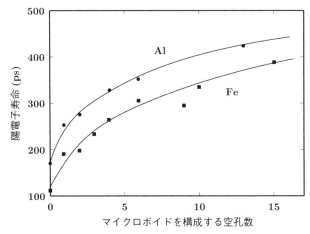

図 **3.27** 過剰な原子空孔が集合して3次元的なマイクロボイドを形成した場合の陽電子寿命変化の計算値（Al 結晶と bcc Fe 結晶について）．横軸は各空孔集合体を構成する原子空孔の数．

格子欠陥位置では，相対的に高い運動量を持つ内殻電子と消滅する確率が減るため，角相関曲線やドップラー幅広がり曲線の低運動量部分が増え，両曲線は尖鋭化する[54]．

トラッピングモデルによれば，陽電子を捕獲する結晶格子欠陥を含む物質中の陽電子寿命スペクトル T(t) は，

$$\mathrm{T}(t) = \frac{I_0}{\tau_0}\exp\left(-\frac{t}{\tau_0}\right) + \sum \frac{I_\mathrm{i}}{\tau_\mathrm{i}}\exp\left(-\frac{t}{\tau_\mathrm{i}}\right) \quad (3.4)$$

と複数の指数関数の和として表される[54]．ここで，τ_i は各欠陥種 i に固有の陽電子寿命値を示し，その相対強度 I_i（各指数関数の切片の値）はその欠陥の濃度で決まる．つまり，計測された陽電子寿命スペクトルを解析すれば，τ_i の値から試料に含まれる欠陥種を，I_i の値から各欠陥の濃度を，それぞれ独立に求められる．式（3.4）の右辺第1項は，格子欠陥に捕獲されずに free な状態から消滅した陽電子に起因する成分であるが，その陽電子寿命値はもはや τ_f ではなく，見かけ上それよりも短い値 τ_0 になる[54]．

欠陥に捕獲された陽電子の消滅特性は，各物質・各欠陥種に固有の値をとる．例として，図 **3.27** に，Al 結晶および Fe 結晶中で，原子空孔が集合してマイクロボイドを形成した場合の各陽電子寿命値を示す[56]．左端の値

第3章 多面的な水素の解析

は，それぞれ完全結晶中での陽電子寿命値 τ_f を示す．横軸はマイクロボイドを構成する原子空孔の数を示し，1は単一空孔を，2は複空孔を，3は三重空孔を意味する．集合する原子空孔数が増えるほどマイクロボイド中の電子密度は低下し，陽電子寿命は単調に増加する．成長につれて，陽電子寿命は自由表面での値 500 ps に漸近する．この原理によって，陽電子寿命値 τ_i から，透過電子顕微鏡で観察困難な微小なボイドの大きさを推定することができる．

ここで注意すべきは，金属結晶中で過剰な原子空孔が集合して作る2次欠陥は，ボイドだけではない点である．むしろ，転位ループや積層欠陥四面体を形成する方が本質的であり，マイクロボイドやボイドの形成は，外的要因に基づく現象と捉えるべきである [56]．転位ループや積層欠陥四面体を形成すると，空孔集合体の陽電子寿命は図 3.27 のような変化はせず，3重空孔の段階ですでに複空孔での陽電子寿命値より低下し，以後は転位ループや積層欠陥四面体での固有の陽電子寿命値（完全結晶での値 τ_f より大きく，単一空孔での陽電子寿命値 τ_v より小さい）に漸近する [56]．

なお，平均陽電子寿命 τ_{av} とは，

$$\tau_{av} = \Sigma I_i \tau_i \tag{3.5}$$

で定義される値である．欠陥がなければ $\tau_{av} = \tau_f$ となるが，格子欠陥が増えれば τ_{av} は増加する．例えば，原子空孔が増えれば τ_{av} は原子空孔での固有の陽電子寿命値 τ_v に次第に漸近していく．

3.3.3 結晶格子欠陥

（1）既知の欠陥形成

a）熱平衡原子空孔

上述のように，陽電子消滅法を用いると格子欠陥，特に原子空孔を高感度で計測できることが明らかとなると，多くの金属について熱平衡原子空孔の計測がなされ，多くの金属・合金について原子空孔形成エンタルピーが高精度で決定された [54,57]．

ここでは例として，Cu_3Au 合金についての高温熱平衡測定結果 [58] を図 **3.28** に示す．縦軸は平均陽電子寿命 τ_{av}，横軸は試料温度である．図中○

96

3.3 陽電子消滅による解析

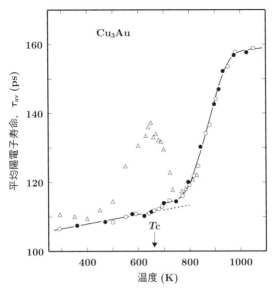

図 3.28 Cu$_3$Au 中の平均陽電子寿命変化．丸印（加熱時○，冷却時●）は横軸の各試料温度で熱平衡測定した陽電子寿命．△印は高温から急冷後，横軸の各温度で等時焼鈍後の平均陽電子寿命変化を示す．

○印は加熱時の，●印は冷却時の測定結果を表す．両者は完全に一致しており，これが可逆的な熱平衡変化であることを示している．この合金は規則・不規則変態を起こすことでよく知られており，663 K（臨界温度，T_c）以上では fcc，それ以下では L1$_2$ 型規則相（Cu 原子が面心位置を，Au 原子が頂点位置を占める）が安定である．室温から T_c までの直線的で緩やかな陽電子寿命の上昇は，結晶格子の熱膨張によって，電子密度が減少するせいである．T_c 付近に見られる陽電子寿命値のわずかな上昇は，不規則化によって結晶格子定数が大きくなったことによる．750 K から 1050 K にかけて平均陽電子寿命は大きく上昇し，S 字型の変化を示す．同様の S 字型の変化は，ほとんどすべての金属・合金の高温熱平衡測定時に観測されるが，この変化が高温熱平衡原子空孔による陽電子捕獲によるものである．750 K 付近で，この合金中の熱平衡空孔濃度（C_V）が陽電子で検出できる濃度（原子比でおよそ 10^{-6}）に達し，一部の陽電子が原子空孔に捕獲されその位置で長寿命後に消滅する．試料温度の上昇とともに熱平衡原子空孔濃度は指数関数（$C_v = C_0 \cdot \exp(-H_F/kT)$；$C_0$ は定数（2～5），H_F は空孔形成エンタル

ピー）で上昇し，捕獲され長寿命で消滅する陽電子の割合が増えるため，平均陽電子寿命は温度とともに上昇する．950 K 以上に見られる平均陽電子寿命の飽和現象（平均陽電子寿命がある欠陥固有の陽電子寿命値に漸近する現象）は，空孔濃度の増加により（原子比でおよそ 10^{-4} 以上），この温度以上ではほぼすべての陽電子が原子空孔中で固有の陽電子寿命 τ_v（この合金の場合はおよそ 160 ps）で消滅するためである．この S 字型の変化を解析することによって，原子空孔形成エンタルピー（H_F）を精度良く求めることができ，ちなみに Cu_3Au 合金の場合，1.42 eV である [58]．

b）焼入れ空孔

金属や合金を高温にすると，熱平衡原子空孔が温度上昇に伴い指数関数的に増加することは，前項で述べたとおりである．高温で熱平衡空孔を大量に含んだ金属材料を，十分早い（原子空孔が冷却中に拡散して sinks（消滅位置）に移動する時間に比較して）速度で急冷すると，金属材料内に大量の原子空孔が過剰空孔として取り残される．このような過剰空孔を含んだ材料の温度を上げていくと，原子空孔が移動できる温度になると過剰空孔が集合して転位ループやボイド等の 2 次欠陥を形成する．陽電子消滅法を用いると凍結された空孔や，それが集合して 2 次欠陥を形成する過程を手に取るように観測できる [54,56]．

c）照射欠陥

高エネルギーの粒子線を結晶性物質に照射すると，原子空孔と格子間原子（いわゆる Frenkel 対）が形成されることはよく知られている．陽電子消滅法を用いると，この原子空孔の導入や移動，さらには 2 次欠陥の形成過程を精度良く捉えることができる [57]．

d）塑性加工

金属材料の塑性変形によって，代表的な結晶格子欠陥である転位と原子空孔が結晶中に導入されることは以前から指摘されてきた．そのうち転位については，透過電子顕微鏡観察によって詳細な研究がなされてきたが，原子空孔については従来直接的な計測手段がなかったために，その挙動についてはよく知られていなかった．陽電子消滅法の登場によって，材料の塑性変形によって転位と原子空孔が導入されることが実証された．また，冷間加工された材料を昇温すると，原子空孔が移動して sinks に消滅する過程や，より高

温で達成される転位の消滅する過程を手に取るように観測できる.

(2) 未知の欠陥形成

上記は，いずれも以前からよく知られてきた格子欠陥形成について陽電子消滅を適用した例であり，その結果，従来測定が困難であった多数の物質・材料中の原子空孔形成エネルギーや原子空孔の移動エネルギーの決定に大きな役割を果たして来た．それに対し，以下では，これまで予測されていなかった欠陥形成現象，特に原子空孔形成現象を紹介する.

a) 規則・不規則変態

上記 (1) a) において，代表的な規則・不規則変態合金である Cu_3Au 合金の熱平衡原子空孔測定結果について紹介し，熱平衡測定時には何の異常も現れないことを示した（図 3.28）．予期せぬ現象は，非平衡測定時に現れた[58]．図 3.28 中の△印は，T_c 以上の高温から室温に急冷し，不規則 fcc 相を室温に凍結した後，温度を上げながら等時焼鈍したときの平均陽電子寿命の変化を示している．急冷された不規則 fcc 相の陽電子寿命は，完全結晶に近い低い値を示した．T_c 以下では不規則相は不安定であるため，温度上昇に伴い原子拡散が可能になると，それまでランダムに分布していた各原子のうち，Cu 原子が fcc 構造の面心位置を，Au 原子が頂点位置を占有し，焼き入れられた不規則 fcc 相は $L1_2$ 型規則相に相変態する．これに伴い，熱平衡測定では異常が見られなかった T_c 以下の温度域において平均陽電子寿命が大きく上昇することが明らかとなった（図 3.28 中の△印）.

この異常現象の中身を知るために，陽電子寿命スペクトルを成分解析した結果を図 3.29 に示す[58]．(a) は形成された結晶格子欠陥（defect）中の陽電子寿命 τ_d を，(b) はその欠陥成分の相対強度 I_d を表している．不規則相が規則化する際に現れた欠陥中の陽電子寿命値 τ_d はおよそ 160 ps で，高温熱平衡原子空孔中の陽電子寿命値 τ_v と完全に一致する（図 3.28）．また，より高温になると欠陥中の陽電子寿命値はさらに上昇する．このような変化は，過剰な原子空孔が集合して空孔集合体を形成する時に見られる特徴的な変化である（図 3.27）.

上記の実験結果は，全く予期されなかったことであるが，不規則相が規則相に相変態する際に，高濃度の原子空孔が形成されることを明瞭に示している．この異常現象を確認するために，同様な規則・不規則変態を起こす

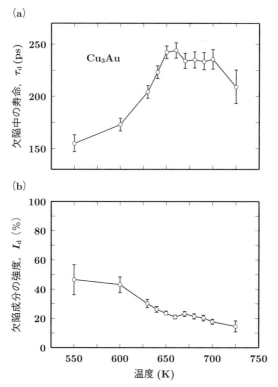

図 3.29 図 3.28 で示した急冷後の変化(△印)について,陽電子寿命成分解析した結果.(a)は試料に含まれる格子欠陥中の陽電子寿命 τ_d,(b)はその欠陥成分の相対強度 I_d.

Ni$_3$Fe 合金を用いて,より系統的な研究をすすめ,不規則相の規則化過程における原子空孔形成と,それに伴う空孔集合体の形成を明らかにした[59].

b) 時効析出

　溶体化処理後,焼き入れられた過飽和固溶体を時効処理すると,溶質原子が集合し,溶質原子集合体や析出物を形成する.最もよく知られているのはジュラルミンの GP ゾーン形成による時効硬化の例である.ジュラルミンの基本組成である Al-4 質量%Cu 合金を焼き入れ,GP Ⅰゾーンが析出する 130℃ で等温時効すると,まず過飽和の凍結空孔の回復による平均陽電子寿命 τ_{av} の減少が観測される.その後,この温度での熱平衡空孔濃度 C_v は検出限界以下であるにもかかわらず,GP Ⅰゾーンの析出に伴い平均陽電子寿命 τ_{av} が時間とともに原子空孔中の陽電子寿命値 τ_v にまで上昇することが

見出された[60]．これは GP I ゾーンの整合析出に伴い，大量の原子空孔が形成されることを明らかにしている．

c) 内部酸化

通常よく見られる金属表面での酸化物形成に対し，金属内部で溶質原子が酸素と結合して酸化物を作る場合があり，内部酸化と呼ばれる．純 Ag に 1.0 原子% 程度の Al を固溶させ，500〜900°C 以上の空気中に放置すると，内部酸化が起こる．それに伴い平均陽電子寿命値が約 130 ps（Ag 中の τ_f の値）から約 210 ps（Ag 中の原子空孔中の値 τ_v）まで 1 時間程度で上昇することを見出した．Ag 結晶中に微細な Al_2O_3 粒子が析出する際に，大量の原子空孔が形成されることを示している．

3.3.4 水素吸蔵に伴う結晶格子欠陥形成

(1) 水素吸蔵合金

陽電子消滅法を用いて，水素吸蔵に伴い大量の原子空孔が形成されることが明らかとなった[61]．図 **3.30** は水素吸蔵合金としてよく知られている $LaNi_5$ 合金を，室温で水素吸蔵圧より少し高い 0.6 MPa（6 気圧）の水素ガス中に置き，水素を吸蔵させながら陽電子寿命の時間変化を測定した結果

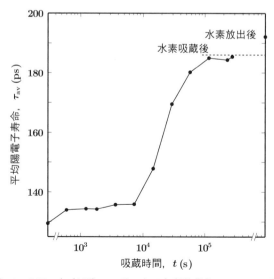

図 **3.30** 室温，0.6 MPa（6 気圧）H_2 ガス中で水素吸蔵中の $LaNi_5$ における平均陽電子寿命の変化．横軸は吸蔵時間．

第 3 章 多面的な水素の解析

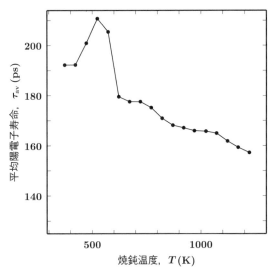

図 3.31 水素吸蔵，放出（図 3.30）後の LaNi$_5$ の等時焼鈍に伴う平均陽電子寿命の変化．横軸は焼鈍温度．

である．横軸は時間 t（秒），縦軸は平均陽電子寿命 τ_{av} である．十分に焼鈍して，結晶格子欠陥を除いた LaNi$_5$ 中の陽電子寿命値は 132 ps であり，7×10^3 秒付近までは大きな変化は見られない．その後，平均陽電子寿命値は S 字曲線を描いて急激に上昇し，186 ps に漸近している．図 3.29 で示した S 字曲線は横軸が試料温度で，熱平衡原子空孔形成によるものであるが，図 3.30 の場合は横軸が時間であり，室温での水素吸蔵によって高濃度の結晶格子欠陥が形成されることを示している．右端の値 195 ps は脱水素化処理直後の値で，水素吸蔵時の値 186 ps よりもさらに上昇している．

上記の方法で作成した試料中にどのような格子欠陥が形成されたのか調べるために，等時焼鈍回復実験を行った．得られた陽電子寿命スペクトルの 1 成分解析結果を図 3.31 に示す[61]．横軸は焼鈍温度，縦軸は平均陽電子寿命 τ_{av} である．焼鈍温度を上げると 450 K 付近で平均陽電子寿命が明瞭に上昇し，その後下降している．試料の回復焼鈍中にみられる平均陽電子寿命のこのような上昇は，試料中の過剰な原子空孔がマイクロボイドを形成する際に見られる特有の変化である．さらに，平均陽電子寿命が上昇を始める温度は LaNi$_5$ 中の原子空孔が移動可能になる温度（450 K 付近）と完全に一致する[61]．より高温での陽電子寿命値の回復は転位等の消滅を示している．

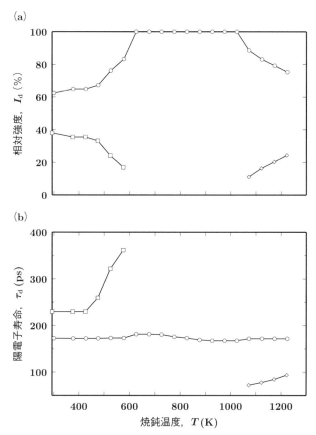

図 3.32 水素吸蔵・放出後の $LaNi_5$ の等時焼鈍に伴う陽電子寿命変化の成分解析結果. 横軸は焼鈍温度. (b) は試料に含まれる格子欠陥中の陽電子寿命 τ_d, (a) はその欠陥成分の相対強度 I_d. □印が空孔とその集合体, ○印が転位, ◇印が τ_0 成分を示す. 室温から 600 K にかけ転位成分の相対強度が増加するのは, 空孔とその集合体の消滅による.

水素吸蔵・放出後の $LaNi_5$ の回復焼鈍(等時焼鈍)に伴う陽電子寿命スペクトル変化の多成分解析結果を図 3.32 に示す[61]. (b) が陽電子寿命成分 τ_d, (a) が各陽電子寿命成分の相対強度 I_d, 横軸は回復温度を示す. □印で示した空孔集合体の陽電子寿命 τ_d の上昇は, 水素の吸放出で形成された多量の原子空孔がマイクロボイドを形成することを明瞭に示している(図 3.27).

この結果から, AB_5 型 $LaNi_5$ に水素を吸蔵させると, 高密度の転位とと

もに大量の原子空孔（原子比で～10^{-2}，熱平衡原子空孔は融点直下でも～10^{-4}）が形成されることが明らかとなった．同様の現象は AB_2 型の水素吸蔵合金 $ZrMn_2$ でも確認された[61]．

(2) Pd

水素吸蔵合金において見出された水素吸蔵に伴う多量の原子空孔形成が，より一般的な現象であることを証明するために，純 Pd を用いて，同様な実験を行った[55]．得られた結果を図 3.33 に示す．縦軸は平均陽電子寿命値，横軸は焼鈍温度である．購入直後の純 Pd 板試料の平均陽電子寿命はおよそ 159 ps であった．この値は，圧延で Pd 結晶中に導入された転位（と原子空孔）に捕獲された陽電子の平均寿命である．この試料を十分高温で焼鈍し，格子欠陥を消滅させると約 107 ps まで平均陽電子寿命は低下した．この値は，純 Pd 完全結晶中の陽電子寿命値 τ_f と見なすことができる（図 3.26）．

欠陥をなくした純 Pd 結晶に，一度水素を吸放出させると，平均陽電子寿命は 177 ps に急上昇した．図 3.33 の左端の値である．この値は圧延後の値 159 ps を大きく超えており，一度の水素吸放出により，大量の原子空孔が純 Pd 結晶中に形成されたことを明確に示している．焼鈍温度が 350 K を超えると平均陽電子寿命の低下が見られるが，これはこの温度を超えると原

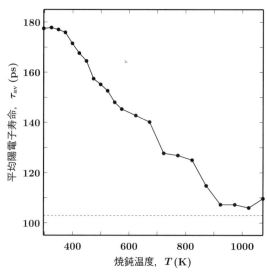

図 3.33 水素を吸放出させた純 Pd の等時焼鈍に伴う平均陽電子寿命の変化．

子空孔が sinks へ移動し，消滅していくことを示している．より高温になると，転位も消滅し，約 900 K でもとの完全結晶状態（約 107 ps）に回復することがわかる．

上記の実験結果は，水素吸蔵による多量の原子空孔形成は，水素吸蔵合金のみに見られる特殊な現象ではなく，水素化物を作る他の金属・合金にも見られる，より一般的な現象であることを明確に示している．

3.3.5 水素化に伴う原子空孔形成機構

前項で紹介した，水素化に伴う格子欠陥形成，特に多量の原子空孔の形成は，既知の原子空孔形成機構（3.3.3(1)項）からは全く予想されなかった現象である．以下では，現在提案されている 2 種類の原子空孔形成機構について述べ，両説の当否を実験で検証した結果を示す．

(1) 固溶水素と原子空孔の結合エネルギー説

深井らは，高温高圧水素下の Ni の格子定数の測定結果から，高温高圧水素下で Ni 中に多量の空孔が形成されていると解釈した．その原因として，固溶水素が原子空孔と結合し，その結合エネルギー分だけ原子空孔形成エンタルピーが低下するため，熱平衡原子空孔濃度が上昇すると考え，「超多量空孔」と命名した[62]．

実は，希薄合金中で固溶溶質原子と原子空孔が結合し，その結合エネルギー分だけ見かけ上空孔形成エンタルピーが減少して，高温熱平衡空孔濃度が少し上昇するとする考え方は，すでに 1950 年代から提案され，多くの書籍に記載されている．それに対して深井らの説[62]の特徴は，一個の原子空孔に複数個の水素が捕獲され，そのため桁違いに高濃度の原子空孔が形成されると考える点にある．

(2) 水素化物形成による結晶格子ひずみ（相変態誘起原子空孔）説

上記に対し，白井らは以前から，固相の 1 次相変態に伴う結晶格子ひずみが異常な原子空孔形成を引き起こす現象を多く発見し（3.3.3(2)項），「相変態誘起原子空孔」と呼んできた[59,60]．3.3.4 項に示した水素吸蔵に伴う結晶格子欠陥形成現象も，相変態誘起原子空孔の典型的な例と考える．

(3) 水素による原子空孔形成機構の実験的検証

金属材料の水素化に伴う大量の原子空孔形成が，上記 (1) の超多量空孔

第3章　多面的な水素の解析

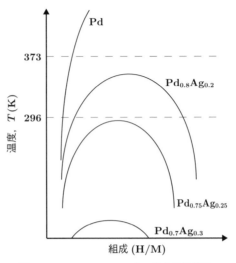

図 **3.34**　Pd$_{1-x}$Ag$_x$-H 系の模式的状態図.

説（固溶水素と原子空孔の結合）によるのか，それとも上記（2）の相変態誘起空孔説（水素化物形成による格子ひずみ）によるのかを明らかにするために，巧妙な実験を行った[63].

試料として Pd$_{1-x}$Ag$_x$-H 系を選んだ．この系の状態図（模式的に図 **3.34** に示す）には，T_c 以上の固溶体 1 相領域と，T_c 以下で固溶体と水素化物の 2 相が共存する領域が現れ，添加する Ag 濃度が高いほど T_c は低下する．試料の Ag 濃度と，試料を水素化する際の水素圧，水素化温度を制御することによって，固溶体 1 相領域のみを通過して水素化する場合（図 **3.35**（a）の灰色線）と，T_c 以下で固溶体と水素化物の 2 相が共存する領域を通過して水素化する場合（図 3.35（a）の黒線）について，水素吸放出後の陽電子消滅寿命を測定した．

測定結果を図 3.35（b）にまとめて示す．底面に Pd-Ag 合金中の Ag 濃度（原子％）と水素化温度（K）を，高さ方向に平均陽電子寿命 τ_{av} をとっている．固溶体 1 相領域のみを通過して水素化した場合（図中の灰色点）は，いずれの場合も平均陽電子寿命 τ_{av} は低く，ほとんど空孔は形成されていないことがわかる．それに対して，固溶体と水素化物の 2 相が共存する領域を通過して水素化した場合（図中の黒点）はいずれの場合も平均陽電子寿命 τ_{av} は高く，多くの空孔が形成されていることが明白である．この実

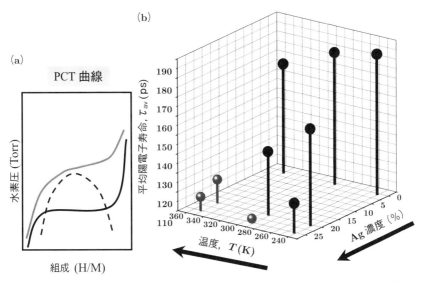

図 3.35 Pd$_{1-x}$Ag$_x$-H 合金について，異なる Ag 濃度および水素化温度で水素を吸放出させた場合の平均陽電子寿命変化．

験結果は，水素化による原子空孔形成は，上記 (1) の超多量空孔説（固溶水素と原子空孔の結合）によるものではなく，上記 (2) の相変態誘起原子空孔説（水素化物形成による格子ひずみ）によるものであることを，明瞭に示している．

3.3.6 おわりに

本節では，陽電子消滅法の原理と測定例を説明したのち，材料の水素化により高濃度の原子空孔が形成される現象の発見と，その原因について説明した．しかし，紙幅の関係で，水素と結晶格子欠陥の相互作用がどのように材料特性を支配するかについては，ほとんど触れることができなかった．「なぜ水素脆化が起こるのか」，「なぜ水素吸蔵特性は劣化するのか」等の材料機能劣化問題に対しても，陽電子消滅法で水素と結晶格子欠陥との原子レベルでの相互作用を直接観測することにより，水素機能材料の本質的で重要な情報が蓄積されてきている．

第 3 章　多面的な水素の解析

3.4　イオンビーム・電子ビームによる解析
　　―表面での水素の出入りを調べる―

3.4.1　はじめに

　水素吸蔵合金の水素吸放出や電解質膜の水素透過において，これらの材料表面は水素の出入り口の働きをする．このため，しばしば表面での水素分析が必要となる．典型的な表面分析法として，電子を用いた電子線回折，光電子分光，走査電子顕微鏡，走査プローブ顕微鏡などがある．電子は物質との相互作用が強く，$\sim 100\,\mathrm{eV}$ のエネルギーの電子の物質中での平均自由行程はナノメートル程度と短い．このため，表面に敏感な測定が可能になり，表面の原子配列構造や電子状態が明らかにされている．しかし，散乱断面積はおよそ原子番号の 2 乗に比例するため，原子番号が 1 の水素は電子に対して電子回折の感度はほとんどない．さらに Auger 電子分光や X 線光電子分光などの電子分光法では，内殻電子励起を利用して元素の特定や化学状態分析を行う．そもそも内殻電子を持たない水素の分析は原理的に不可能である．

　このため，水素の検出・分析は水素原子核である陽子（または重陽子）を用いて行う．陽子を観測する手法として，核磁気共鳴や中性子回折があるが，表面分析には感度が不足している．これに対して電子やイオンビームを利用した水素の高感度検出法が開発されている．高速イオンビームを用いる手法として，材料中の水素を反跳により放出させて測定する弾性反跳法（ERDA: elastic recoil detection）と，入射イオンと水素との原子核反応を利用する核反応法（NRA: nuclear reaction analysis）がある [64-67]．いずれの手法も 1970 年代に最初の報告がなされ [68,69]，その後感度や分解能を向上させる努力がなされ発展してきた．反跳と核反応の断面積が水素の化学状態に依らないため，絶対量を定量できると同時に深さ分析できるのが特徴である．反跳，核反応，いずれも同位体によって振る舞いが違うため，HとD を弁別して測定できる．また断面積は小さいため，これによって失われる水素の量は無視でき，実質的には非破壊測定に分類される．しかし，実際には入射ビームによるダメージが懸念され，注意が必要である．そのほかに水素を試料から脱離させて検出する手法として，熱脱離分光法，2 次イオン質量分析法（SIMS: secondary ion mass spectrometry），電子刺激脱離

108

法（ESD: electron-stimulated desorption）[70] がある．ESD 法は，収束した電子を 2 次元的に掃引することで，表面の面内分布を高分解能で測定できる．SIMS は他書にゆずり，本節では，ERDA, NRA, ESD 法について説明する．

3.4.2 原理
(1) 弾性反跳法

弾性反跳法とは，図 **3.36** (a) に示すように，加速された粒子 X が試料中の水素に衝突し，反跳を受けた水素が試料から放出されることを利用して水素を検出する手法である．入射粒子の質量とエネルギーを M_0, E_0，水素の質量を M_H すると，エネルギーと運動量の保存則から，角度 θ_r 方向に反跳される水素のエネルギー E_H は，

$$E_H = \frac{4M_0 M_H \cos^2 \theta_r}{(M_0 + M_H)^2} E_0 \quad (\equiv K_r E_0) \tag{3.6}$$

と表される．水素は入射ビームに対して前方に放出されるため，通常は図 **3.37** (a) に示すように，試料を傾けて測定する．高速イオンビームが物質中を通過すると，その距離に比例するエネルギー損失を受ける．この比例係数は阻止能と呼ばれる．図 3.37 (a) のように，深さ d の位置に存在する水素が反跳を受け放出される場合を考える．入射ビームは水素との散乱までにエネルギー損失を受けるため，阻止能を S_X とすると散乱するときのエネルギー E_0' は

$$E_0' = E_0 - \frac{S_X d}{\sin \theta_1}$$

となる．反跳水素のエネルギーは式 (3.6) より $K_r E_0'$ であり，この反跳水

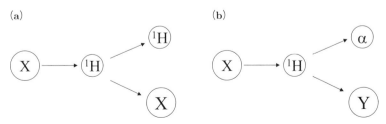

図 **3.36** 粒子 X が水素に衝突したときの，(a) 弾性反跳と (b) 核反応過程．α は高エネルギーの粒子や γ 線である．

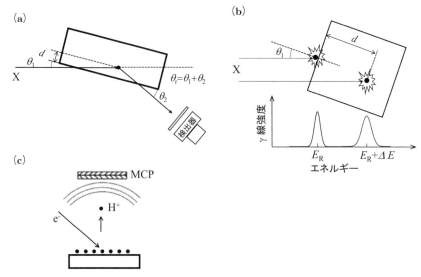

図 3.37 (a) 弾性反跳法, (b) 核反応法, (c) 電子刺激脱離法の実験の模式図.

素は試料から放出されるまでにさらにエネルギー損失(阻止能を S_H とする)を受ける.このことを考慮すると,反跳水素の有効阻止能 S_{eff} は,

$$S_{\text{eff}} = \frac{K_r S_X}{\sin\theta_1} + \frac{S_H}{\sin\theta_2} \tag{3.7}$$

と与えられ,放出されるときの H のエネルギー E は,

$$E = K_r E_0 - S_{\text{eff}} d \tag{3.8}$$

となる.このため,反跳水素のエネルギーを測定すると,水素の深さを知ることができる.阻止能は,様々な物質とイオンの組み合わせについて調べられており,文献等に与えられている[65,71].入射粒子として,通常 He などが用いられる.しかし反跳断面積は重イオンの方が大きいため,高感度に測定するために C などの重イオンが用いられることもある.図 3.38 は Si 基板上に堆積した 200 nm 厚さのアモルファス炭素薄膜について,2.5 MeV の He を用いて測定した ERDA スペクトルである[72].堆積するときの原材料として CH_4 を用いた場合と CD_4 を用いた場合で,それぞれ膜中に H と D がおよそ 20% 含まれていることを示している.

3.4 イオンビーム・電子ビームによる解析

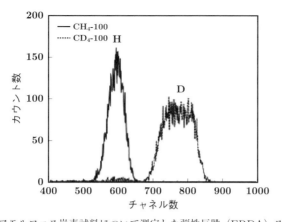

図 3.38　アモルファス炭素試料について測定した弾性反跳（ERDA）スペクトル．

出典：Ozeki K. *et al.* (2013). Influence of the source gas ratio on the hydrogen and deuterium content of a-C:H and a-C:D films: Plasma-enhanced CVD with CH_4/H_2, CH_4/D_2, CD_4/H_2 and CD_4/D_2, *Appl. Surf. Sci.*, **265**, pp.750–757.

(2) 核反応法

加速された粒子 X が水素に衝突するとき，図 3.36 (a) のように水素が反跳を受け散乱される場合と，図 3.36 (b) に示すように原子核反応を起こす場合がある．入射粒子が標的粒子に近づくにつれ，正電荷を持つ原子核の間には Coulomb 斥力が働くため，低エネルギーでは核反応は起こらない．しかし，入射粒子のエネルギーが高くなると原子核同士が反応し核反応を起こす．核反応の結果，高エネルギーの粒子や γ 線が放出されるため，それらを検出することで水素の検出を行うことができる．

軽水素を検出する反応として，

$$X + {}^1H \rightarrow Y + {}^4He + \gamma \tag{3.9}$$

で表される反応が知られており，X として表 3.3 に示すように，${}^{15}N$ か ${}^{19}F$ が用いられる．式 (3.9) の反応は，X のエネルギーが特定のエネルギー E_R でのみ起こる共鳴核反応である．核反応が共鳴反応であることを利用すると，水素の深さ分布計測が可能になる．その原理を図 3.37 (b) に示す．E_0 に加速された粒子が試料に入射すると，阻止能 S_X のため，深さ d でのエネルギー E は，

第3章　多面的な水素の解析

表 **3.3** 水素を検出する共鳴核反応の共鳴エネルギー（E_R），共鳴幅（Γ），共鳴エネルギーでの断面積（σ_0）と放出 γ 線のエネルギー（E_γ）．

入射粒子（X）	残留核（Y）	E_R (MeV)	Γ (keV)	σ_0 (mb)	E_γ (MeV)
^{15}N	^{12}C	6.385	1.8	1650	4.43
		13.35	25.4	1050	4.43
^{19}F	^{16}O	6.418	44	88	6.13
		16.44	86	440	6.13

$$E = E_0 - \frac{S_X d}{\cos \theta_1} \tag{3.10}$$

と表される．入射粒子のエネルギー E が，核反応の共鳴エネルギー E_R と一致する深さ d で核反応が起こるため，X の入射エネルギー E_0 を変えて核反応の測定をすると，水素の深さ分布が得られる．深さ分解能は主に反応の共鳴幅と入射粒子の阻止能の比で決まる．ただし，表面近傍では水素の振動に起因したドップラー効果も深さ分解能に影響するので注意を要する．

一方，重水素を検出できる核反応として，次の反応がある．

$$^{3}\text{He} + {}^{2}\text{D} \rightarrow {}^{4}\text{He} + {}^{1}\text{H} \tag{3.11}$$

式（3.11）の反応は共鳴エネルギーが 0.645 MeV で共鳴幅が 0.35 MeV である．共鳴幅が軽水素の反応に比べて広いため，上記のような深さ分布測定はできない．これまでは主に表面の吸着量測定などに利用されてきた．ただし，反応で放出される ^{1}H のエネルギーを測定することで，〜50 nm の分解能で深さ分解測定ができる[73]．

図 **3.39** に ^{15}N による核反応を利用して水素を検出した測定結果の例を示す[74]．試料は水素終端 Si 表面に〜6 nm の Ag を蒸着したものである．^{15}N のエネルギーが 6.385 MeV と 6.406 MeV とに強度の極大が見られ，それぞれ試料表面と Ag/Si 界面に吸着した水素に相当する．6 nm の深さの違いが明確に分離して測定できることがわかる．またこの反応は表 3.3 に見られるように 13.35 MeV に 2 つ目の共鳴が存在するため，このエネルギー以下でのみ実験可能で，測定できる深さは 1〜2 μm となる．

(3) 電子衝撃脱離法

電子衝撃脱離法は，図 3.37（c）に示すように，加速した電子を表面に照

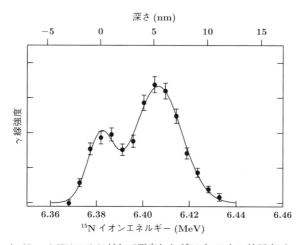

図 3.39　Ag(6 nm)/Si(111) に対して測定した ^{15}N と H との核反応プロファイル.
出典：Fukutani K. *et al.* (1999). Hydrogen at the surface and interface of metals on Si (111), *Phys. Rev. B*, **59**, 13020.

射し，その際に脱離する水素イオンを検出することで表面に吸着した水素を分析する．ESD のメカニズムは，2 体反応である ERDA と NRA に比べると複雑である．水素が吸着した表面に電子を照射すると，電子励起が起こり系は励起状態になる．例えば，水素と表面の化学結合に関与する電子が励起されると，結合電子が失われるため水素の吸着状態は不安定になる．その結果水素は表面から脱離する．これが電子衝撃脱離のメカニズムである．脱離断面積は，電子励起確率と励起状態で水素がイオンとして脱離する確率の積となるため，表面の種類や吸着の化学状態に強く依存する．このため断面積は試料ごとに異なり，水素絶対量の定量はできない．ただし，走査電子顕微鏡の電子銃を利用し収束した電子線を用いることで，高分解能の 2 次元分布計測が可能になる．

図 3.40 は Ti-6Al-4V 合金について測定した，ESD 水素イオン 2 次元分布の結果である[75]．イオンの飛行時間スペクトルを測定することで H$^+$ であることを確認し，その信号を用いて測定したものである．試料はあらかじめ熱処理され，その結果平均的な水素含有量は 57 ppm である．この合金は hcp 構造と bcc 構造の混晶であり，図で見られる水素イオン信号の濃淡は構造の違いによるものと結論されている．

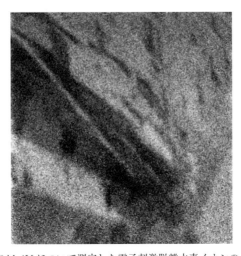

図 3.40　Ti-6Al-4V について測定した電子刺激脱離水素イオンの 2 次元マップ.
出典:Tanaka K. *et al.* (2010). Visualization of hydrogen on Ti-6Al-4V using hydrogen microscope, *Mater. Trans.*, **51**, pp.1354-1356.

3.4.3　装置と分解能・感度

上記の実験を行うためには，入射ビーム，散乱真空槽，検出器が必要である．ERDA と NRA には，エネルギーが 0.2〜15 MeV 程度のイオンビームが必要であり，加速器としては Van de Graaff 型加速器が利用されることが多い．検出器としては，散乱された H や He などの粒子を測定するためには表面障壁型半導体検出器（SSD）が，γ 線を検出するには Ge 半導体検出器か NaI（Tl）や $Bi_4Ge_3O_{12}$ などのシンチレータに光電子増倍管を組み合わせたものが利用される．いずれも出力パルスを波高分析しスペクトルを得る．ERDA では，反跳水素測定のエネルギー分解能が深さ分解能を決定する．SSD を用いて測定する場合，典型的な深さ分解能は 70 nm 程度である[67].しかし，飛行時間型や磁場を用いた分光器を利用すると高い分解能が得られる．図 **3.41** に水素が吸着した Si(100) 表面について測定した高分解能 ERDA スペクトルを示す．表面の水素がエネルギー幅 0.5 keV 程度で観測されており，ここから深さ分解能は < 0.3 nm と見積もられている[76].これに対して共鳴を利用する NRA の深さ分解能は検出器の分解能には依存せず，核反応の共鳴幅で決まる．ERDA と同様に入射ビームを斜入射にすることで，1 nm 以下の深さ分解能も得られている[67].NRA,

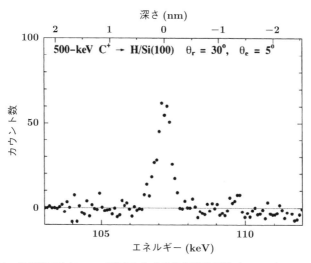

図 3.41 H/Si(100) について測定した高分解能弾性反跳（ERDA）スペクトル．

出典：Kimura K., Nakajima K. and Imura H. (1998). Hydrogen depth profiling with sub-nm resolution in high-resolution, *Nucl. Instr. Meth. Phys. Res. B*, **140**, pp.397-401.

ERDA とも，入射ビームを収束させることで面内分解能も得られる．NRA で $< 50~\mu\mathrm{m}$[77]，ERDA では $< 5~\mu\mathrm{m}$[78] が報告されている．

 γ 線を測定する場合は，真空槽壁を薄く設計することで，検出器を真空槽の外に設置することができる．これに対して散乱粒子を検出するには半導体検出器を真空槽内に設置する．このときバックグランドを形成する低エネルギーの散乱粒子を取り除くため，検出器直前にマイラー膜等の吸収体を置く工夫がなされる．測定系の検出効率が既知であれば，濃度の絶対値を測定可能である．便宜的には，注目する元素の濃度が既知の標準試料から検出効率が見積もられる．バルク試料に対する典型的な測定感度（原子数比）は，ERDA では 0.05 程度，NRA では 10^{-3} 程度である[67]．ERDA では入射粒子や真空槽壁面で散乱された粒子がバックグランドとなる一方，NRA では環境の X 線や宇宙線がバックグランドとなる．これらを除去することで，ERDA では 10^{-4}，NRA では 10^{-5} の感度が報告されている[67]．

これらの手法は，基本的に真空環境で行われるため，試料温度を高温（〜1000 K）から低温（< 100 K）で変化させることができる．また ERDA と NRA では，高エネルギーのイオンを 0.1〜1 μm の金属や SiN 膜を通し

第3章　多面的な水素の解析

てガス雰囲気に取り出し，ガス雰囲気下にある試料に対してその場で測定することも可能となっている[79,80]．

　ESDでは，Hを脱離させる電子として1 keV程度の電子線が用いられる．走査電子顕微鏡の電子銃を利用することで，ビーム径を10 nm程度以下に絞り表面を2次元的に掃引することができる．脱離イオンは静電的に加速した後，マイクロチャネルプレートなどで増幅して検出する．このとき，イオンの飛行時間を計測することで質量を弁別し，水素以外の信号を除去する工夫がなされる[70]．

3.4.4　核反応による実験例—Pd表面での水素吸放出

　Pdは典型的な水素吸蔵性のある金属であり，水素純化器や水素化反応の触媒などに利用されている．気体の水素がPd中に吸収され，また逆にPd中から放出されるとき，水素は必ず表面を通る．Pdに吸収された水素が表面に拡散し，表面から脱離する様子を核反応法で調べた結果を紹介する．図**3.42**はPd(001)表面に，～100 Kで水素を曝露し吸収させたのちに測定した核反応プロファイルと熱脱離スペクトルである[81]．図3.42（a）の核反応プロファイルには，表面に吸着した水素に相当するピークに加えて，高エネルギー側に肩が観測され，深さ5 nm程度まで水素が侵入していることがわかる．一方，熱脱離スペクトルには～180 Kと～350 Kに脱離ピークが見られる．では，水素の脱離温度と水素の深さ分布はどのように対応するのだろうか．核反応でプローブする深さを図3.42（a）の矢印で示した表面および表面から5 nmのところに固定し，それぞれの深さでの水素濃度が温度とともにどのように変化するか測定した結果が図3.42（b）中の■と▲で示されている．深さ5 nmのところでは水素濃度が180 Kで急に減少するのに対して，表面では350 Kで減少する様子がわかる．すなわち，180 Kの脱離ピークは表面下の水素に，350 Kの脱離ピークは表面に吸着した水素に帰属される．このことは，表面の方が，固体内部よりもエネルギー的に安定であることを意味する．

　このような表面近傍での水素の振る舞いは，図**3.43**に示すようなポテンシャルを描くことで理解される．これは，仮想的に水素原子を真空中から固体内部へとエネルギーの低い経路を動かし，そのときの全エネルギーをプ

3.4 イオンビーム・電子ビームによる解析

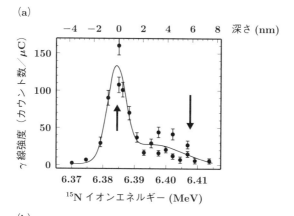

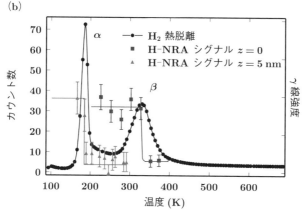

図 3.42 Pd(100) について測定した水素の (a) 共鳴核反応プロファイルと (b) 熱脱離スペクトル.

出典：Wilde M. and Fukutani K. (2008). Penetration mechanisms of surface-adsorbed hydrogen atoms into bulk metals: Experiment and model, *Phys. Rev. B*, **78**, 115411.

ロットしたものである．表面吸着位置をSで，バルクでの安定位置をBで示している．気相では水素は分子で存在し，点線で示すように原子状水素より結合エネルギー分低い位置に存在する．水素分子が表面に解離吸着するには，活性化障壁が存在する場合があり，E_a で示されている．表面吸着位置から気相へ脱離するには E_{des} の活性化障壁があるのに対して，バルク中の水素が脱離する活性化障壁は E'_{des} である．上記のように表面の水素がバルクの水素より高温で脱離するのは，$E_{des} > E'_{des}$ であることを意味する．

第 3 章　多面的な水素の解析

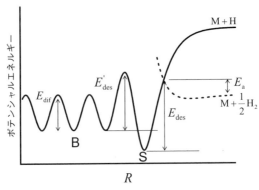

図 3.43　水素の表面近傍でのポテンシャル．

バルク中でのエネルギーは材料の性質で決まるが，水素の吸放出速度は表面近傍のポテンシャル形状の影響を受ける．ただし，この図の横軸は水素原子の座標だけでなく金属格子の座標も加味した反応座標であることに注意する必要がある．水素の感じるポテンシャルは，金属格子の変形や反応経路に依存し，それに応じて活性化障壁やポテンシャル極小値も大きく変化する．表面を修飾することでポテンシャルを変化させ，水素の吸放出を制御することが可能になる．その例を以下に示す．

Pd は単体でも水素を吸収するが，Au と合金化することで水素吸収能が向上する．図 3.44 (a) 一番上のスペクトルは，$Au_{30}Pd_{70}$ 合金に水素を曝露した後に測定した熱脱離スペクトルである[82]．250 K 付近に単一のピークが観察される．この表面を Auger 電子分光で組成分析すると，表面第 1 層は 90% 以上が Au であることがわかる．Au と Pd では Au の方が表面エネルギーが低いため，Au が表面に偏析する．図 3.45 は，このときに測定した核反応プロファイルである．明らかに水素が表面から内部にまで分布していることがわかる．さらに表面近傍を詳しく解析すると，挿入図に見られるようにプロファイルのピークは 1 nm 程度深い方にシフトしており，水素は最表面の Au の上には吸着していないことがわかる．Au の表面では解離吸着に障壁がある上，吸着エネルギーが低いため，水素は Au の上には吸着しない．わずかに存在する Pd のサイトでのみ水素は解離し，そこから内部へと吸収されている．

この合金表面に一酸化炭素（CO）が共存したときの影響を調べたのが図

118

3.4 イオンビーム・電子ビームによる解析

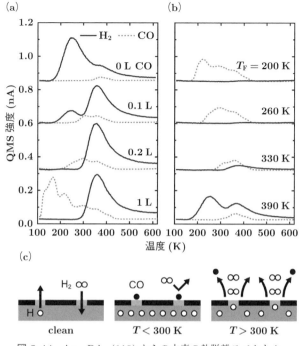

図 3.44 Au$_{30}$Pd$_{70}$(110) からの水素の熱脱離スペクトル.

出典：Ogura S., Okada M. and Fukutani K. (2013). Near-surface accumulation of hydrogen and CO blocking effects on a Pd-Au alloy, *J. Phys. Chem. C*, **117**, pp.9366-9371.

3.44 である[82]．図 3.44（a）は，AuPd 合金内部に水素を吸収させたあとで，種々の吸着量の CO を曝露したときの熱脱離スペクトルである．CO の吸着量が増加すると，水素の脱離温度が 250 K から 370 K へと上昇することがわかる．一方，CO をあらかじめ吸着した表面に水素を曝露して測定した熱脱離スペクトルが図 3.44（b）である．このときは，CO がある量以上吸着すると，水素の吸収が起こらなくなることを示している．CO の水素吸放出への影響を模式的に示したのが図 3.44（c）である．先に述べたように，AuPd の最表面にはわずかに 10% 程度の Pd 原子が存在し，そのサイトを介して水素は解離し内部へ吸収される．CO 分子が共存すると，この Pd サイトに吸着し水素の吸収・放出を妨げる．見方を変えると，CO がなければ室温以下で放出される水素も，CO を共存させることで室温以上まで

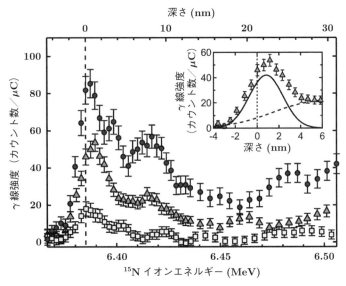

図 3.45 Au$_{30}$Pd$_{70}$ について測定した核反応プロファイル.

出典：Ogura S., Okada M. and Fukutani K. (2013). Near-surface accumulation of hydrogen and CO blocking effects on a Pd-Au alloy, *J. Phys. Chem. C*, **117**, pp.9366-9371.

安定に閉じ込めることができるといえ，CO を利用して水素の吸放出を制御できることがわかる．

3.4.5 おわりに

材料において，水素の出入り口の役割を果たす表面近傍での水素を分析する手法として，弾性反跳法，核反応法，電子刺激脱離法の原理と実験方法を紹介した．弾性反跳法と核反応法は，高速のイオンビームを用いるため，水素の絶対量を定量でき，深さ分布を測定できる．これに対して，電子刺激脱離法は加速器を必要とせず，表面の 2 次元分布を測定できる．これらの測定は通常，真空下で行われる．今後は，デバイス動作や反応環境などにおける，その場測定が求められる．

3.5 X線・中性子線による解析
—水素の配置と結合性を調べる—

3.5.1 はじめに

X線や中性子線は，その波長が原子間の距離と同程度であるため，物質中の原子により散乱され（進行方向が変えられ），波としての性質により干渉が起きる．干渉により特定の方向で強められる様子を観測することで原子の配置を知ることができる．X線は，可視光の数千分の1程度の波長の光（電磁波）であり，大学および企業の研究室における結晶構造解析や病院でレントゲン撮影に用いられているなど身近に使われている．高速で直進する電子の進行方向を，磁場などにより曲げることで発生する電磁波を放射光と呼び，極めて明るいX線を取り出すことができる．放射光施設は，世界中で多くの施設が稼働しており，国内では東京大学物性研究所が1974年に世界で最初の放射光専用電子蓄積リングである「SOR-RING」を完成させ，さらに高エネルギー加速器研究機構の放射光施設「PF」において1982年に放射光発生に成功して以来，現在では大型放射光施設「SPring-8」を筆頭に，8ヶ所の施設が稼働している．X線自由電子レーザー施設「SACLA」においてはX線自由電子レーザーを用いた極めて輝度の高いX線を発生させ，タンパク質1分子を観測するといった研究も開始されている．

一方，中性子線は，中性子という波と粒子の両方の性質を持つ粒子が束状になったものである．物質の原子配置を調べるためには原子炉や陽子加速器などの大型施設が必要である．中性子線は，X線に比べれば特殊な設備が必要となるが，水素の観測においては，両方を用いることが極めて強力な解析手法となる．中性子実験が可能な施設は，国内では世界トップレベルの陽子加速器を有する大強度陽子加速器施設「J-PARC」，原子炉では日本原子力研究開発機構3号炉および京都大学原子炉実験所である．北海道大学電子線形加速器施設（45 MW）も1970年代から稼働しているが，近年は数MWの陽子加速器を用いた小型中性子源が稼働を開始しており，理化学研究所中性子工学施設ではコンクリート構造物の診断などのインフラ予防保全視野に入れた利用が始まっている．

X線や中性子線は，量子ビームと呼ばれるプローブの仲間であり，多種

第3章　多面的な水素の解析

多様な利用が実施されているが[83]，本節では，X線や中性子線利用の一部
を紹介する．

3.5.2　原理と装置

X線や中性子線が，原子との衝突により進行方向が変わったり，エネル
ギーが変わったりすることを散乱という．原子の配置により，散乱した波
が干渉することを回折という．ある角度に散乱する割合 f を，X線の場合
は原子散乱因子（$f(\theta, \lambda)$），中性子線の場合は散乱長（b）と呼ぶ．それぞ
れの値は文献[84,85]から得られる．X線は軌道電子との長距離電磁気力によ
り散乱され，電子の数，つまり原子番号に比例して原子散乱因子が大きくな
る．また，散乱角の増加と波長の減少に伴って，原子散乱因子は単調に減衰
する．中性子線は原子核との相互作用により散乱される．相互作用のスケー
ルは，中性子の波長に比べて 10^5 分の1程度であるため，散乱長はすべて
の方向に等方的と近似できる．散乱長の大きさは，核の構成とスピンに依
存する．そのため，散乱能は同位体によっても異なり，原子番号には無関係
である．中性子は磁気モーメントによっても散乱されるので，物質中の磁気
構造の解析にも有効な手段である．一般に，X線は原子番号の大きな元素
に含まれている小さな元素（軽元素）の観測に不利であり，中性子線はH
（D）やLiなどの軽元素の観測に有利とされている．

X線が電子により散乱され，中性子が電気的に中性子の粒子であり原子
間距離の 10^5 分の1程度の大きさの原子核により散乱されるという違いか
ら，物質を透過する能力にも大きな違いがある．例えば，Feを透過する際
に，1/e（37%程度）に減衰する距離は，X線では 0.013 mm，中性子線は
11.1 mm である．中性子線の方が，物質透過能力が3桁ほど高い．そのた
め，中性子線の実験のために試料の厚みを薄くする必要性は，吸収の大きな
試料以外ではほとんどない．一方で，中性子線のフラックスは放射光X線
に比べると小さく，かつ透過率が高いため多くの試料が必要となる．一般的
には，放射光X線がマイクロレベルであるのに対して，中性子線は最小で
数 mm 程度である．

122

3.5.3 散乱と回折

回折法による原子配置の解析（構造解析）に関する基礎については，非常に多くの参考書が存在している（最近の書籍としては例えば [86,87]）．本項では，X 線と中性子線の違いを中心に説明する．

原子が規則的に配置している場合には，Bragg 反射が生じ，特定の角度において回折強度を生じる．原子面の間隔を d，波の波長を λ，回折強度を生じる角度を 2θ とすると，Bragg 反射を生じる条件は式（3.12）で表される．

$$\lambda = 2d\sin\theta \tag{3.12}$$

Bragg 反射を生じる原子面は複数存在し，Bragg 反射のパターン（回折プロファイル）から，原子配列の規則性を知ることができる．また，回折強度から，どの位置にどの元素が配置しているのかを決定できる．国際回折データセンター（ICDD®）による PDF（powder diffraction file）データベースがある．このデータをもとに，Rietveld 法により構造（原子配置）を最適化する手法が広く用いられている．このような構造解析の原理は，X 線でも中性子線でも同じである．ここで，原子配置が NaCl と同じである KCl の回折強度を例にとって X 線と中性子線の違いを示す．KCl の結晶構造を図 **3.46** に示す．

回折強度は結晶構造因子の 2 乗に比例するので，結晶構造因子を求める

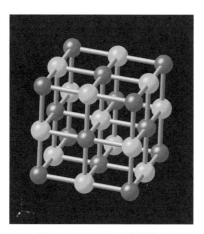

図 **3.46** KCl の結晶構造．

第3章 多面的な水素の解析

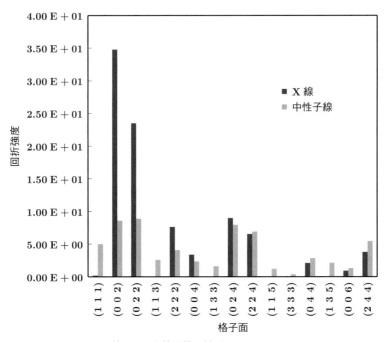

図 3.47 KCl の X 線および中性子線回折プロファイルのシミュレーション.

ことで回折強度を見積もることができる．X 線と中性子線の格子面ごとの回折強度を図 3.47 に示す．実際の測定では，装置の分解能や原子の熱振動により幅の広いピークとなるが，ここではそうした測定上の影響は無視している．NaCl 構造をとる KCl の X 線の結晶構造因子を，ミラー指数を hkl として表すと，

$$\begin{array}{ll} 4(f_K(\theta,\lambda) + f_{Cl}(\theta,\lambda)) & h,k,l \text{ がすべて偶数} \\ 4(f_K(\theta,\lambda) - f_{Cl}(\theta,\lambda)) & h,k,l \text{ がすべて奇数} \\ 0 & h,k,l \text{ は偶数と奇数混合} \end{array} \quad (3.13)$$

となる．構造因子の逆格子ベクトル依存性は簡単のために省略している．K^+ イオンと Cl^- イオンはどちらも電子 18 個を持つため，電子の数で回折強度が決まる X 線回折では，K^+ と Cl^- の X 線に対する原子散乱因子はほぼ同じである．つまり，f_K-f_{Cl} の値がほぼゼロとなるため，ミラー指数がすべて奇数の格子面の回折強度はほぼゼロとなる．一方，中性子線回折の

3.5 X 線・中性子線による解析

結晶構造因子は，$f(\theta, \lambda)$ を散乱長 b に置き換えればよく，b_K，b_{Cl} は，それぞれ 3.67，9.577 fm であるため，b_K-b_{Cl} の値はゼロとならない．X 線と中性子線の散乱能の違いにより，同じ構造でも異なる回折プロファイルになる．KCl のように，K と Cl が規則的に配置している場合には X 線回折だけで解析可能であるが，K と Cl の配置が不規則の場合には解析が難しくなる．

Fe と Ni，Fe と Co のように，周期律表で隣り合っている元素も散乱能の差が少ないため，回折強度での区別は難しい．ただし，X 線は，吸収端近傍での散乱能のエネルギー依存性を使うことにより，元素を選択的に観測可能であることが大きなメリットである．このことを用いて，X 線吸収微細構造（XAFS: X-ray absorption fine structure）や X 線異常散乱（AXS: anomalous X-ray scattering）により，特定の元素周りのみの構造を観測可能である．

3.5.4 全散乱法

試料の原子配置の規則性が失われると，Bragg 反射は消失するため，対称性に基づく構造解析はできなくなる．全散乱法は，原子の配置に規則性がない場合の構造解析の手法として有効であり，構造的な乱れを内包する物質・材料の構造解明の強力な手段として今日不可欠なものとなっている[88]．全散乱法では，回折実験により得られた回折プロファイルから，原子あたりの散乱長の 2 乗で規格化された静的構造因子と呼ばれる関数（$S(Q)$）を導き，これを Fourier 変換することにより（式 3.14），実空間の 2 体分布関数（$g(r)$）を得て，原子間の相関を直接的に解析する．

$$q(r) = 1 + \frac{1}{2\pi^2 \rho_{0r}} \int_{Q_{\min}}^{Q_{\max}} Q(S(Q) - 1)\sin(Qr)dQ \tag{3.14}$$

ここで，

$$Q = |\boldsymbol{Q}| = \frac{4\pi}{\lambda}\sin\theta \tag{3.15}$$

であり，$\boldsymbol{Q}$ は X 線や中性子線の運動量遷移を表し，散乱ベクトルと呼ばれる．結晶の格子面間隔 d と Q は，$Q = 2\pi/d$ の関係がある．λ は中性子または X 線の波長，2θ は散乱角である．$g(r)$ は原点に位置する原子から距離

125

第 3 章 多面的な水素の解析

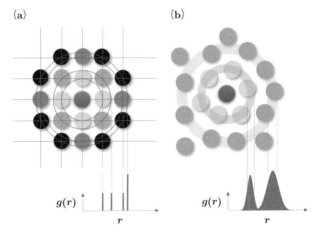

図 3.48 原子配置と $g(r)$ の概念図.(a) は原子配置に規則性がある場合,(b) は規則性がない場合の原子配置と $g(r)$ を示す.

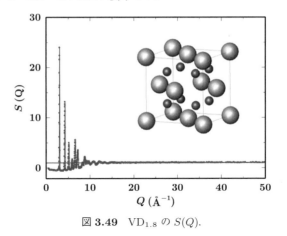

図 3.49 $VD_{1.8}$ の $S(Q)$.

r だけ離れた位置に他の原子を見出す確率を表し,この関数の解析によって,構造モデルなしに原子間距離や配位数などの局所構造決定が可能になる.図 3.48 に原子配置と $g(r)$ の概念図を示す.構造に規則性がある場合には,原子が中心原子から等距離上に並ぶが,規則性がない場合には,ある距離範囲にある原子の相関として表される.

動径分布関数($RDF(r)$)のピーク面積から配位数を導出することが可能で,2 体分布関数とは次式の関係になる.ρ_0 は真密度である.

3.5 X線・中性子線による解析

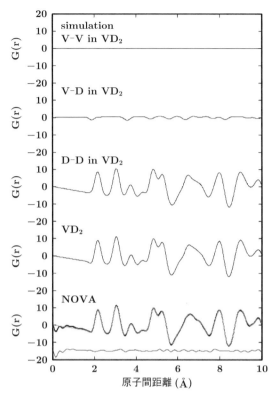

図 3.50 $S(Q)$ の Fourier 変換により得られた原子対相関関数 $G(r)$. 最下段が，J-PARC に設置されている高強度中性子全散乱装置 NOVA による実測値で，その他は構造パラメータからシミュレーションされた部分相関である.

$$RDF(r) = 4\pi r^2 \rho_0 g(r) \tag{3.16}$$

式（3.14）の Fourier 変換においては[84]，実空間距離 r の分解能は最大 Q 値（$Q_{\max}$）に逆比例する．0.09〜0.4 Å 程度の比較的波長の短い（エネルギーの高い）中性子や X 線を利用することによって，物質の $S(Q)$ を可能な限り大きな Q まで正確に測定することで，高い実空間分解能が得られる．図 3.49 に $VD_{1.8}$ の $S(Q)$ を，図 3.50 に $S(Q)$ の Fourier 変換により得られた原子対相関関数 $G(r)$ を示す．$G(r)$ は式（3.17）により得られる．

$$G(r) = 4\pi r \rho_0 (g(r) - 1) \tag{3.17}$$

第3章 多面的な水素の解析

Hは原子間の相関情報を含む散乱である干渉性散乱が弱く，原子間の相関情報を含まない非干渉性散乱が非常に強いため，水素が関与する原子間相関の観測のためには，干渉性散乱が強い原子であるDを用いることが一般的である．また，Vも原子間の相関情報を含む散乱である干渉性散乱が弱く，原子間の相関情報を含まない非干渉性散乱が強いため，重水素化Vの $S(Q)$ および $G(r)$ の測定は，直接的にD-D相関の観測を行うことになる．図3.50に示すように，測定により得られた $G(r)$ は，D-D相関が支配的である．

中性子とX線の全散乱実験データ（$S(Q)$ と $g(r)$）に基づき，計算機上で構築するRMC（reverse Monte Carlo）法などの3次元構造モデリング法の発展とともに，中性子-X線の相補的利用による詳細な構造解明が可能になりつつある．

3.5.5 X線吸収微細構造測定による物質の局所構造解析

XAFS測定は放射光を利用した材料分析手法として，X線回折法と並んで非常によく利用されている．X線回折による構造解析では周期構造によってもたらされるBragg反射から単位胞の構造を得るが，XAFSは数Å程度の距離以内にのみ敏感な局所構造解析の手法であるため，周期構造を持たないアモルファスや液体，微粒子などの物質に対して大きな威力を発揮する．本項ではXAFSについて基礎的なことを簡単に説明するが，より詳細な原理，解析法などはXAFSに関する書籍 [83,89−91] を参照されたい．

物質へ入射されたX線はこれと相互作用して吸収されるが，入射X線のエネルギーを連続的に変化させると，元素特有のイオン化エネルギーに対応するエネルギーで透過するX線の強度が急激に変化する．これはイオン化エネルギーよりも高いエネルギーを持つX線により内殻電子が励起されて光電子として放出されるためである．この急激な強度変化が起こるエネルギーが吸収端であり，それぞれの元素でそれぞれの内殻（K, L, M殻）ごとに固有の値を持つ．図 **3.51** にFeのK吸収端におけるX線吸収スペクトルを示す．およそ 7100 eV にある急激な立ち上がりがFeのK吸収端（7110.8 eV）である．吸収端より高いエネルギーの領域には微細なピークを持つ構造が数百 eV にわたって出現する．これがXAFSである．ここで，

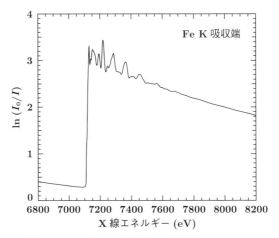

図 3.51　Fe 箔の K 吸収端 X 線吸収スペクトル．
提供：日本原子力研究開発機構 松村大樹氏．

吸収端の近傍とより高エネルギー領域では X 線吸収による電子遷移が異なると考えられている．吸収端近傍の吸収スペクトルは電子準位間の電気双極子遷移に起因するものであり，X 線吸収端近傍構造（XANES: X-ray absorption near edge structure）と呼ばれ，選択した元素の電子構造や対称性を強く反映している．このため，原子の価数などの情報を得ることができる．一方，より高いエネルギー領域の吸収スペクトルは内殻電子が光電子として放出されることに起因し，広域 X 線吸収微細構造（EXAFS: extended X-ray absorption fine structure）と呼ばれ，X 線を吸収して放出された光電子波と，それが周囲に存在する原子によって散乱され戻ってきた光電子波との干渉の結果，孤立原子で予想される吸収スペクトルに強度変調した成分がのったものである．このため，選択した元素の周囲に存在する原子数，原子間距離，原子の種類によってスペクトルの形状が異なる．この EXAFS スペクトルを解析することによって，選択した元素周り局所的な動径分布構造を得ることができる．この元素選択性は XAFS の大きな特長の 1 つであり，周期表で隣接する元素が含まれる物質でもそれぞれ区別することが可能である．例えば，Fe よりも原子番号が 1 つ大きい Co の K 吸収端は 7708.8 eV であり，図 3.51 で EXAFS スペクトルの微細構造がほぼ減衰した辺りのエネルギーに相当している．

第 3 章　多面的な水素の解析

EXAFS においては，試料に入射した X 線のエネルギーを E，励起によって遷移する電子の束縛エネルギーを E_0 とすると，放出される光電子波の波数 k は，

$$k = \frac{1}{\hbar}\sqrt{2m(E - E_0)} \tag{3.18}$$

で与えられる．ここで，$\hbar$ は換算 Planck 定数，m は電子の質量である．解析では図 3.51 で EXAFS スペクトルから EXAFS 振動 $\chi(k)$ を抽出し，それに k^n（$n = 1 \sim 3$ の整数）の重みをかけた $k^n\chi(k)$ を Fourier 変換することで動径分布関数を得る．通常は $n = 3$ が用いられる．図 **3.52** (a) は図 3.51 から抽出した $\chi(k)$ と $k^3\chi(k)$ である．$\chi(k)$ は k が大きくなると振幅が減衰するが，k^3 の重みをかけることで k が大きい領域でも振動構造がはっきりと確認できるようになる．$k^3\chi(k)$ を Fourier 変換することで図 3.52 (b) に示すような動径分布構造関数が得られる．図 3.52 (b) は bcc 構造を持つ Fe の動径分布構造であり，2.2 Å 近傍の強いピークの位置が bcc 構造の最近接原子間距離に相当し，その右側にある肩構造の位置が格子定数に相当する．ただし，EXAFS 振動を Fourier 変換した際のピーク位置は実際の原子間距離よりも短くなることに注意が必要である．図 3.52 (b) を例にとれば，bcc-Fe の格子定数は 2.8665 Å であるため最近接の原子間距離は 2.4825 Å となるが，EXAFS から得られた動径分布構造関数ではおよそ 0.2 Å 程度短く評価されている．これは，光電子波の散乱原子上での散乱および散乱波の吸収原子上での散乱によって位相シフトが起こるためであるが，正しい構造パラメータは動径分布構造関数のそれぞれのピークを抽出し，理論曲線でフィッティングすることで決定することができる．それぞれのピークに対して Fourier 逆変換によって算出した EXAFS 振動を理論曲線でフィッティングする方法もあるが，最近では Fourier 逆変換を行わずに R 空間において理論曲線でピークをフィッティングする方法が主流になっている．

XAFS における「局所構造敏感」と「元素選択性」という 2 つの特長は複数の元素からなる合金や化合物，あるいは微量添加物等に対して，他の手法では得られない，物性や機能性発現の鍵となる元素に着目した構造や電子状態の情報の取得を可能にする．XAFS が有効な物質には，担体の上に担持された微粒子や，母体物質へ微量に導入された添加物等からなる触媒，溶

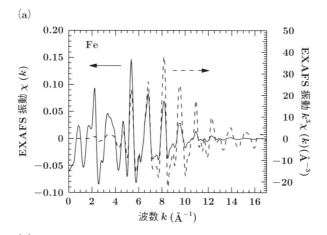

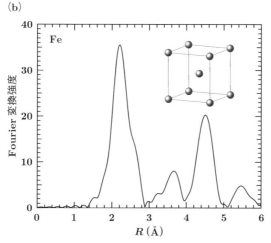

図 3.52 (a) 図 3.51 のスペクトルから抽出した Fe の EXAFS 振動. 実線が $\chi(k)$, 破線が $k^3\,\chi(k)$. (b) $k^3\,\chi(k)$ の Fourier 変換の絶対値.

提供：日本原子力研究開発機構 松村大樹氏.

液中の溶質などが挙げられる．例えば，触媒のほとんどは母体物質に対しての絶対量が小さく，X 線回折法などの構造解析手法では触媒自身の状態を精密に観測することはほぼ不可能である．触媒自身は単原子もしくは分子として化学反応における結合の組み換えの媒体として働くため，本質的に結晶の周期構造は関与していない．したがって，数原子程度の距離相関での局所構造を決定することが，触媒の機能性を解明するためには極めて重要である．

第 3 章　多面的な水素の解析

　XAFS は透過法による測定が一般的である．密度 ρ，厚さ t の物質に対して入射した X 線の強度 I_0 と物質を透過した X 線の強度 I_t は以下の関係にある．

$$I_t = I_0 \exp(-\mu_M \rho t) \tag{3.19}$$

ここで，μ_M は質量吸収係数であり，物質固有の値であるため，物質の状態には依存しない．また，複数の元素から構成される化合物・混合物であっても，その物質の質量吸収係数は各成分の質量吸収係数に重量比をかけたものの和として求められる．分光器で入射する X 線のエネルギーを変えながら試料の前後に配置した X 線検出器で X 線強度の測定を行うが，検出器として電離箱検出器（イオンチェンバー）を用いるのが一般的である．

　XAFS の測定には試料の作製が重要となる．透過法では適切な厚みの試料を用いないとスペクトル形状がゆがむといった弊害が現れる．均一な試料の場合は，線吸収係数と試料厚みの積 μt が最大で 3 程度で，かつ吸収端の立ち上がりの変化（エッジジャンプ）$\Delta \mu t$ が 1 程度になるような試料厚さが最適な厚さとなる．均一かつ適切な厚さの試料を調整するために，粉末試料の場合は，微粉化した後に BN など X 線に対して吸収の少ない希釈材と混合してペレット化したものを試料とすることが多い．

　また，希薄な試料を測定する場合には透過法では精度よく EXAFS 振動を得ることが困難となる．透過法が適用可能な濃度は 1 質量％ 程度がおおよその目安と考えられている [83]．それよりも希薄な試料には入射した X 線が吸収された際に放出される蛍光 X 線を検出する蛍光収量法で XAFS の測定を行う．蛍光 X 線は強度が弱く，また全方位に放射されるので，検出強度の統計精度を高めるために検出立体角を大きくすることが重要である．そのため，受光面が大きな検出器として，多素子の高感度な固体半導体検出器（SSD: solid state detector）を用いることが多い．

　XAFS は電子分光法と異なり多様な試料環境での測定が可能であり，化学反応過程の「その場観測」や機能性材料の実作動条件下での「オペランド測定」が可能である．このような条件下では実時間分解測定が行われているが，分光器の角度を高速で掃引しながら測定するクイックスキャン XAFS（QXAFS）法や湾曲分光結晶を使用した分散型光学系による Dispersive

132

XAFS（DXAFS）法が用いられる．QXAFS 法は二結晶分光器の角度を機械的に動かすために1スペクトルを測定するのに 10 秒程度要するが，通常の XAFS 測定と同じのセットアップで行える．一方で DXAFS 法は通常の XAFS とは異なり白色 X 線を湾曲分光結晶で分光し試料に照射する．湾曲しているがゆえに分光結晶上で X 線の回折角が連続的に変化し，異なるエネルギーに単色化される．そして焦点の位置に試料を配置し，試料を透過して発散した X 線を位置敏感型検出器で検出することで，一度に XAFS スペクトルを取得可能となる．機械的に動作する部分がないため，時間分解能は検出器に依存し，CCD や CMOS 検出器では 100 Hz レベルで XAFS スペクトルの連続測定が可能である．このため，化学反応過程のその場観察に適用されることが多く，原子レベルでの反応メカニズム解明に威力を発揮している．

3.5.6　おわりに

　X 線や中性子線のそれぞれの特徴を生かすことで，物質中の原子の配置の詳細を調べることが可能である．X 線は小さなビームサイズで短時間の測定が可能であるため，時間的な過渡現象の測定に威力を発揮する．ただし，陽子の観測は困難である．中性子線は，小さなビームに絞ることは難しいが水素のような軽元素の観測に威力を発揮する．ただし，中性子で観測されるのは原子核であり，電子の位置の観測は困難である．本節では回折実験，すなわち弾性散乱を用いた構造解析を紹介したが，X 線や中性子線が試料中原子とエネルギーのやりとりをする非弾性散乱により，物質中のダイナミクスの観測も行われており，結合状態や振動状態，磁気的励起状態を調べることが可能である．材料中の微量な水素や界面などに局所的に存在する水素は物性や機能性に関わることが示唆されているが，その状態を観測する方法は確立されていない．今後，X 線や中性子線の様々な手法を駆使し，それらを観測する測定法の開発，ならびに X 線，中性子線それぞれの観測量を理論的に結びつけるような研究の進展が今後の課題である．それによって，水素機能材料中の配置や結合とそれに起因する材料の機能性に関する研究がますます発展することが予想される．

第3章 多面的な水素の解析

3.6 計算科学による解析
—水素の特性を理解・予測する—

3.6.1 はじめに

我々の物質世界は，電子の作る場の中を原子（厳密には電荷を持つ核子）が動くことによって，種々の性質，物性が発現しているといえる．その電子の場を理論的に求めるのが電子状態計算である．原子の動きを計算するのが分子動力学である．このような計算科学的な方法により，ナノレベルの結晶・分子や表面構造だけでなく，バンドギャップや種々の分光特性などがわかる．また，マクロな熱力学量，粘性や拡散係数などを求めることも可能である．水素貯蔵，水素脆性，水素燃料電池などの種々の応用の基礎的な挙動がわかる．

水素を原子レベルで見たときの特徴は

・価電子が少ない（1原子に1個）

・質量が小さい（原子単位で1）

である．そのため，H原子はX線回折では位置を確定しづらく，+1から−1までの価電子状態をとれる．また水素の量子化が起こりやすいということもある．電子については当然量子力学的に扱うが，原子の質量が小さいので，水素原子の動きについても量子力学的に扱う必要のある場合がある．分子振動やフォノンのように，原子の運動を量子力学的に扱うことは他の原子でもあるが，水素原子では拡散のように並進運動でも量子状態を考慮した扱いをすることがある．原子核の量子化といわれこともあるが，核内部の中性子や陽子の量子化でなく，原子核全体の動きの量子化のことである．

電子は最も軽い原子である軽水素と比較しても，原子の約1/1820の質量なので，一般的には電子と原子の運動方程式はそれぞれ個別に解く．すなわち，ある原子配置の場での電子の量子状態を計算して，その電子から受ける場の中で原子を古典的あるいは量子論的に扱う．電子は常に量子論的に扱う．両者を完全にカップルして解く必要がある場合は少ない．本節では，まず電子の量子状態（電子状態）を解く方法，特に固体に対して有効な密度汎関数法を紹介する．分子系に対しては分子軌道法が有効であるが，ここでは割愛する．次に，固体や液体などにおける原子の動きを，古典力学から解く

134

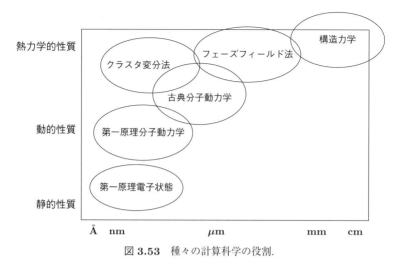
図 3.53 種々の計算科学の役割.

分子動力学の手法を紹介する.

さらに，このような計算科学的方法を用いて結晶構造や生成熱など種々の物性値を予測する技術を紹介する．最後に，原子・分子の運動を量子力学的に扱う手法を紹介する．計算科学はここで紹介する原子・分子レベルの静的あるいは動的な性質を対象とするだけでなく，より大きな，かつ長時間の性質や，あるいは熱力学的な性質を対象とする種々の方法があるが，図 3.53 のように，それぞれカバーする領域が異なる．計算科学的手法の詳細，ナノ領域の計算例については，文献 [92] を参照されたい．

3.6.2 電子状態計算と分子動力学の原理

近年，計算材料科学技術の進歩に計算機の性能向上が相まって，材料の物性を実験値や経験定数を参照することなく予測する第一原理計算，およびそれをベースに原子の動きをシミュレーションする分子動力学が材料の分野で広く利用されるようになった．本節では，第一原理計算に広く使われる密度汎関数理論（DFT: density functional theory）に基づく電子状態計算および分子動力学の概要を述べる．

(1) 密度汎関数理論に基づく電子状態計算

密度汎関数法は，厳密には解くことができない多電子系の Schrödinger 方程式を一電子近似して解く方法を与える．その基礎となるのは Hohenberg-

第3章　多面的な水素の解析

Kohn の定理 [93] で，それを要約すると，"多電子系の基底状態は電子密度 $\rho(\bm{r})$ で一義的に決まり，系の全エネルギー E_tot は正しい基底状態の $\rho(\bm{r})$ に対して最小値をとる" となる．この定理により，多電子系のエネルギーが電子密度の汎関数で表示できることが保証される．ただし，厳密な E_tot の表式は現在もわかっていない．エネルギーを計算するためには近似を採用する必要がある．

具体的なエネルギーの表式は Kohn と Sham により提案された [94]．以下では，式の表記を簡単化するため，換算 Planck 定数 $\hbar$，電気素量 e，電子質量 m_e を 1 とする Hartree 原子単位を用いる．まず，電子密度 $\rho(\bm{r})$ に対する補助関数として一電子波動関数 $\psi_i(\bm{r})$ を導入し，電子密度を次式のように表す．

$$\rho(\bm{r}) = \sum_{i=1}^{n} \left| \psi_i(\bm{r}) \right|^2 \tag{3.20}$$

ここで，n は電子数であり，n 組の ψ_i は規格直交化されているものとする．エネルギーに対しては次の表式を用いる．

$$E_\mathrm{tot} = -\sum_{i=1}^{n} \int \psi_i^*(\bm{r}) \frac{\nabla^2}{2} \psi_i(\bm{r}) \, d\bm{r} + \int V_\mathrm{ext}(\bm{r}) \rho(\bm{r}) \, d\bm{r}$$
$$+ \frac{1}{2} \iint \frac{\rho(\bm{r})\rho(\bm{r}')}{|\bm{r} - \bm{r}'|} \, d\bm{r} d\bm{r}' + \frac{1}{2} \sum_{I} \sum_{J \neq I} \frac{Z_I Z_J}{|\bm{R}_I - \bm{R}_J|} + E_\mathrm{xc}\big[\rho(\bm{r})\big]$$
$$\tag{3.21}$$

ここで，$Z_I, \bm{R}_I$ は系を構成する I 番目の原子の原子番号（すなわち，原子核が持つ電荷数）と位置を示し，右辺第 2 項の $V_\mathrm{ext}(\bm{r})\big[= -\sum_I Z_I/|\bm{r} - \bm{R}_I|\big]$ は，これらの原子核が作る Coulomb ポテンシャルである．第 2, 3, 4 項はそれぞれ原子核-電子間，電子-電子間，原子核-原子核間の Coulomb 相互作用を表す．右辺第 1 項は，ψ_i を用いて書き下した電子間に相互作用がない場合の運動エネルギーである．残りの多体効果は交換相関エネルギー E_xc という形で右辺最後の項に押し込んでしまう．

実際にこの式を解くには，Hohenberg-Kohn の定理より，エネルギーを最小化する ψ_i $(i = 1, 2, \cdots, n)$ を求めればよい．これらに対する規格直交

条件の下で式 (3.21) を変分することにより，次の解くべき Kohn-Sham 方程式が得られる．

$$\left[-\frac{\nabla^2}{2} + V_{\text{ext}}(\boldsymbol{r}) + \int \frac{\rho(\boldsymbol{r}')}{|\boldsymbol{r} - \boldsymbol{r}'|} \, d\boldsymbol{r}' + \frac{\delta E_{\text{xc}}}{\delta \rho(\boldsymbol{r})}\right] \psi_i(\boldsymbol{r}) = \varepsilon_i \psi_i(\boldsymbol{r}) \qquad (3.22)$$

これは，Schrödinger 方程式と同じ形をした固有方程式である．ε_i は i 番目の固有値である．ただし，左辺第 3, 4 項が ρ を含んでいるため，式 (3.20) を通してポテンシャルが求めるべき ψ_i に依存している．Kohn-Sham 方程式は非線形であり，これを解くためには自己無撞着場 (SCF: self consistent field) 計算と呼ばれる反復計算が必要となる．

交換相関エネルギー E_{xc} の厳密な表式は相変わらず不明であるが，一様電子ガスのような単純な系に対してはその値を求めることができる．そこで，物質の各座標点 $\boldsymbol{r}$ における交換相関エネルギーはそこでの局所的な電子密度 $\rho(\boldsymbol{r})$ だけで決まると仮定し，同じ密度を持つ一様電子ガスのエネルギーで置き換える，という近似を行う．一様電子ガスの一電子あたりの交換相関エネルギーを ϵ_{xc} とすれば，$E_{\text{xc}} = \int \epsilon_{\text{xc}}(\rho(\boldsymbol{r}))\rho(\boldsymbol{r}) \, d\boldsymbol{r}$．これを局所密度近似 (LDA: local density approximation) と呼ぶ．

局所密度近似は提案されて以来，様々な材料に適用され多くの成功をおさめてきたが，凝集エネルギーを過大評価するといった欠点も知られている．現在では，電子密度の値だけでなく密度勾配も使って交換相関エネルギーを表す一般化密度勾配近似 (GGA: generalized gradient approximation) [95] が広く用いられている．

Hartree 原子単位では，そのエネルギー単位は Ha (hartree) である．一般の物性物理分野ではエネルギー単位として eV (electron volt) が用いられることが多く，両者の換算式は，1 Ha = 27.21 eV である．一方，巨視的な熱量を表す場合に使われるのは J (joule) である．一般的に，J はモルあたり (6×10^{23} 原子あたり)，eV は原子あたりとして使われるが，1 eV/atom = 96.48 kJ/mol の関係がある．

(2) 古典および第一原理分子動力学

分子動力学 (MD: molecular dynamics) では，分子や結晶を構成している原子を時間的にどのように動くかをシミュレーションする．それにより，原子集団のある温度，圧力での現象を見ることができる．一般的に数万原

第3章　多面的な水素の解析

子以上について数万ステップ以上の動きを計算して，その計算で得られた個々の原子の軌跡と速度を統計的に処理する．分子動力学計算には，大きく2つの傾向がある．1つは統計力学的に意味ある解析をして，現実系と比較することである．すなわち比熱などの熱力学量，あるいは拡散係数などの動力学量を計算する．現実に我々が見て，普通に測定できる量である．もう1つは，シミュレーションの時間とサイズそれ自身が意味があり，それを実験結果と比較するものである．界面やクラスターの構造とか，化学反応の分子論などである．

　分子動力学といわれるが，分子の動きというより原子の動きを求める．そのためには質量 M_I の原子 I に作用する力 F_I がわかっていることが必要である．力がわかれば Newton の法則により，その加速度 $\boldsymbol{A}_I$ がわかる．

$$\boldsymbol{F}_I = M_I \boldsymbol{A}_I \qquad \boldsymbol{A}_I = \frac{d\boldsymbol{V}_I}{dt} \qquad \boldsymbol{V}_I = \frac{d\boldsymbol{R}_I}{dt} \tag{3.23}$$

時刻 t での速度 $\boldsymbol{V}_I$ と位置 $\boldsymbol{R}_I$ が計算できると，$t + \Delta t$ での原子の位置と速度がわかり，運動を時間 t の関数として完全に追跡できる．一般的には，$0.1 \sim 1\,\mathrm{fs}$ 程度の時間ステップで，上記の方程式から各原子の軌跡を求める．水素の場合は，質量が小さいので同じ力でも加速度が大きく，この時間ステップを小さくする必要がある．また，質量2の重水素に置き換えてシミュレーションすることもある．平衡状態の構造や熱力学量は質量には依存しない．

　原子にかかる力は電子の量子状態で決まるものであり，各時間ステップで電子状態計算をして求めるのが，第一原理分子動力学（FPMD: first principles MD）であり，適当なポテンシャル関数で表した力を使うのが古典分子動力学（CMD: classical MD）である．この場合は，それぞれの2個の原子間に働く力を例えば，Coulomb 力と Lennard-Jones 力などに分けて表し，相互作用しているすべての原子からの力の総和を求める．

3.6.3　結晶構造

（1）第一原理計算における構造最適化

　密度汎関数で電子状態を求めると，次にその計算した構造が適当なものであるかどうかを判断する必要がある．エネルギーの原子位置に関する微分，

3.6 計算科学による解析

表 3.4 ルチル鉱型 MgH_2 の結晶構造パラメータ. a, c:格子定数 (Å), u:水素原子位置に対する内部パラメータ. 水素原子位置は $(u, u, 0)$.

a	c	u	
4.499	2.999	0.3044	計算
4.518	3.021	0.303	実験

一様ひずみに関する微分は,それぞれ原子に働く力,結晶格子に働く巨視的応力に対応し,SCF 計算により得られた ψ_i から解析的に求めることができる.これらエネルギーの微分値をガイドに原子位置,結晶格子ベクトルを更新していき,エネルギーの極小点に対応する安定結晶構造を求める作業を構造最適化と呼ぶ.**表 3.4** にルチル鉱型 MgH_2 に対する構造最適化の結果を示す[98].格子定数,水素原子位置を示す内部パラメータに対する計算値は実験値とよく一致する.一般に,密度汎関数法の格子定数に対する予測精度は 2 ~ 3 % 程度といわれている.

構造最適化は,はじめに仮定した初期結晶構造まわりのエネルギー極小点を探索しているだけで,与えられた元素組成比に対する最安定構造を求めているわけではないことに注意してほしい.結晶の最安定構造を予測することは計算材料科学の中でも重要なテーマであるが,まだ決定版といわれるような予測手法は開発されてはいない.実験報告例のない新規材料を探索する場合には,いくつかのモデル構造を仮定して構造最適化を行い,その中から最もエネルギーの低い構造を選択する必要がある.

(2) 有限温度・圧力における構造

温度 T は,エントロピーの微分として定義されるが,エネルギー分布を示す指標でもある.実際に分子動力学計算すると,エネルギーは Boltzmann 分布を示すので,その分布を示す温度が,系の温度と理解できる.運動エネルギーはどの原子でも同じエネルギー分布を示すので,温度の指標としてよく使われ,その平均エネルギー $\bar{E}_k$ は,原子数を N として $(3N - 6)k_B T/2$ であるので($3N$ 次元から回転と並進の自由度を引いた自由度へのエネルギー $k_B T/2$ の等分配),温度は以下のように与えられる.

$$T = \frac{2\bar{E}_k}{3N - 6} = \frac{1}{3N - 6} \sum_{I=1}^{N} (M_I V_I^2) \tag{3.24}$$

139

第3章　多面的な水素の解析

圧力はビリアル（virial）の平均値として計算できる．このような温度および圧力を，熱力学的に意味ある値として制御する方法が開発されている．Nosé（能勢）の熱浴，Parrinello-Rahman の圧力制御などであり[92]，シミュレーション中は，時間的に温度や圧力が揺らぐ．このような方法を用いて，温度・圧力を制御してその温度・圧力での構造や（揺らぎから）比熱・弾性率その他の物性値を求めることができる．しかし，実際にその温度・圧力の相に転移するには，活性化エネルギーが必要であり，シミュレーション時間内に真に最低エネルギーの最適構造に変化するとは限らないので，注意が必要である．

(3) 相変化・相図

　適当な温度・圧力でどの構造が安定か調べるには，すなわち相変化を求めるには，種々の構造での自由エネルギーを求めて，最安定構造を決める必要がある．そのためには，クラスター変分法，モンテカルロ法，自由エネルギー摂動法などで，自由エネルギー差を計算する[92]．

3.6.4　格子振動の予測と赤外吸収・Raman 散乱

(1) 第一原理計算から

　格子振動は赤外吸収分光や Raman 分光により観測されるので，これを理論予測することは物質の同定などに役立つ．格子振動を量子化した準粒子と捉え，フォノン（phonon）と呼ぶことも多い．格子振動を求めるために必要なものは，エネルギーを原子位置で二階微分した Hessian 行列 $D_{I\alpha,J\beta} = \partial^2 E_{\mathrm{tot}}/(\partial R_{I\alpha}\partial R_{J\beta})$ である．ここで，$R_{I\alpha}$ は原子位置 $\boldsymbol{R}_I$ の $\alpha\,(=x,y,z)$ 方向成分を示す．格子振動のモード k の固有角振動数 ω_k および固有振動ベクトル $u_{I\alpha}^k$ は，Hessian 行列を使って次の固有方程式から求めることができる．

$$\sum_{J\beta} \frac{D_{I\alpha,J\beta}}{\sqrt{M_I M_J}}\, u_{J\beta}^k = \omega_k^2\, u_{I\alpha}^k \tag{3.25}$$

ここで，M_I は I 番目の原子の質量である．原子に働く力（エネルギーの一階微分）とは違い，Hessian 行列を電子状態計算の結果だけから解析的に求めることはできない．エネルギーの二階微分を求めるためには，ψ_i だけで

140

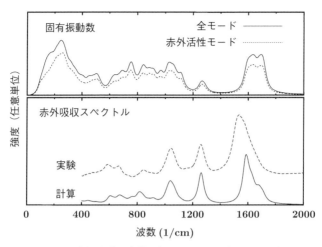

図 3.54　Mg$_3$CrH$_8$ の固有振動数と赤外吸収スペクトル．幅 25 cm^{-1} のローレンチアンを用いて平滑化した結果．

なく，これらの原子座標に関する微分 $d\psi_i/d\bm{R}_I$ も必要になるためである．Hessian 行列を求める方法は 2 通りある．1 つは安定結晶構造中の特定の原子に対して小さな変位を与えて SCF 計算を行い，得られた原子に働く力を使って数値微分により二階微分を評価する方法である．これは凍結フォノン近似と呼ばれる．もう 1 つは，安定結晶構造に対する SCF 計算で得られた ψ_i を入力データとして，線形応答計算[100] という手法により $d\psi_i/d\bm{r}_I$ を求め，これから二階微分を解析的に計算する方法である．線形応答計算の利点は，原子変位に対する応答だけでなく，一様電場に対する応答も同様の計算から求めることができる点である．これにより得られる誘電特性を格子振動の計算結果と組み合わせることにより，赤外吸収，Raman スペクトルのピーク位置だけでなく，その強度も予測することが可能になる．図 3.54 に線形応答計算により求めた錯体水素化物 Mg$_3$CrH$_8$[101] の格子振動特性の結果を示す．上段は式 (3.25) から求めた固有振動数，下段はこれに各振動モードの赤外吸収係数を考慮して求めた赤外吸収スペクトルの計算結果である．比較のため，赤外吸収分光の実験結果も示したが，計算と実験の一致は良好である．固有振動の計算において，固有振動ベクトルの対称性を調べることにより，どの振動モードが赤外活性であるかを判定することができる．上段には赤外活性な振動モードの寄与のみの結果も示した．物質の同定を目

第3章 多面的な水素の解析

的とする場合は実験スペクトル形状の再現性が重要になるため，以上のように
にスペクトル強度も考慮した計算を行うことが望ましい．

(2) 分子動力学から

原子は振動しながら動いているので，その振動を抽出できれば，その振動
数と振動強度を計算できる．そのためには，分子動力学計算から得られる速
度について，ある時間 t とそれから時間 τ だけ離れたの間の相関，すなわち
自己相関係数

$$c(\tau) = \frac{1}{N} \sum_{I,t} \boldsymbol{V}_I(t) \boldsymbol{V}_I(t+\tau) \tag{3.26}$$

を Fourier 変換する．その 2 乗強度は振動の状態密度（VDOS: vibrationa
density of state）を表す．これは中性子散乱の測定で得られる．赤外吸収
や Raman 散乱強度を求めるには，前述のようにダイポールモーメントや分
極率の時間変化を求める必要がある．固体の場合は，第一原理の方法が便利
であるが，液体の場合は速度相関の方法が有効である．

3.6.5 零点エネルギーを考慮した水素化反応の生成熱

水素化生成熱 ΔH は水素貯蔵材料において最も重要な諸量の 1 つで，そ
の作動条件に密接に関係している（2.3 節参照）．通常は，反応前後の状態
のエネルギーを構造最適化で得られた結晶構造から第一原理計算で求めて，
そのエネルギー差から生成熱を求める．こうした計算では原子の運動を考慮
していないので，予測値は絶対零度におけるものに対応する．しかし，水素
という軽量元素を扱う上で生じる特有の問題がある．密度汎関数法による計
算では原子核を質点として古典的に扱うが，水素のような軽量元素に対して
は原子核に対する量子効果が無視できなくなるからである．量子論的振動子
では絶対零度においても振動エネルギーはゼロにならず，零点振動と呼ばれ
る効果を考慮しなくてならない．対応する零点エネルギー E_{zero} は，前述の
格子振動の計算結果から調和振動近似を用いて求めることができる．

結論だけを書くと，格子振動の固有角振動数を ω_k としたとき，$E_{\text{zero}} = \sum_k \hbar \omega_k / 2$ となる．表 **3.5** に親水素元素である Ti, V, Zr のフルオライト型
二水素化物の水素化生成熱および疎水素元素である Fe, Ni 中の水素溶解熱
の計算結果を示す．水素溶解熱は 16 金属原子からなるスーパーセルにより

142

表 3.5 フルオライト型二水素化物 TiH_2, VH_2, ZrH_2 の水素化生成熱および Fe, Ni 中の水素溶解熱, ΔH (kJ/mol H_2). ZrH_2 以外の結果は文献[99]より.

	計算		実験
	零点補正無	零点補正有	
TiH_2	-145	-125	-124
VH_2	-65	-43	-40
ZrH_2	-169	-153	-163
Fe	36	57	58
Ni	22	25	32

求めた. 生成（溶解）熱の計算結果は, 親水素性元素に対する発熱型反応, 疎水素性元素に対する吸熱型反応の両者に対して, 実験値の傾向を正しく再現している. 零点エネルギーの寄与は大きい場合で約 20 kJ/mol H_2 になり, 無視できない大きさとなる. $3d$ 遷移金属元素（Ti, V, Fe, Ni）に対しては, 零点エネルギーを考慮することで実験値との定量的な一致が大きく改善される. しかし, ZrH_2 のように, この補正がいつも計算値と実験値の一致を改善するとは限らない. ZrH_2 に見られる 10 kJ/mol H_2 という誤差は 0.1 eV/H_2 に相当し, ΔH の計算はかなり微妙なエネルギーバランスを議論していることになる.

3.6.6 拡散, イオン伝導

拡散は酔歩の原理から, ある原子が異なる時間間隔 τ の間にどれだけ動いたかを意味する 2 乗変位（MSD: mean square displacement）$<\delta R^2>$ から求められる.

$$<\delta R(\tau)^2> = \frac{1}{N} \sum_{I,t} \left(\boldsymbol{R}_I(t) - \boldsymbol{R}_I(t+\tau) \right)^2 \tag{3.27}$$

これは, τ に比例して, その長時間での比例係数が拡散係数 $D = (1/6)d < \delta R(\tau)^2 > /d\tau$ となる. その対象としている原子がイオン化しているなら, そのイオンのモル伝導度 κ を Nernst-Einstein の式 $\kappa = ce^2D/(k_BT)$ から求められる. c はイオン濃度, e は電気素量である.

水素のように質量が小さい場合, その量子化を考慮した拡散係数を求める必要もある. 後述する経路積分法は簡単なプログラムの変更で量子化を計算できるので, 種々に用いられているが（プログラムは簡単だが計算負荷は非

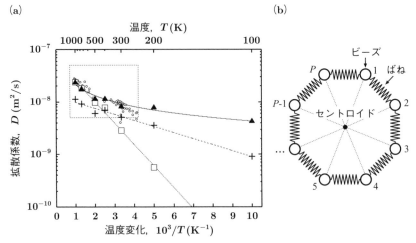

図 3.55 (a) セントロイド経路積分分子動力学を用いた水素の拡散係数の温度変化, (b) ビーズによる量子化. ▲：本計算, ○：実験値, □：古典分子動力学計算, ＋：実験値にフィットさせたポテンシャル関数[102]による古典分子動力学計算.

出典：Kimizuka H., Mori H. and Ogata S. (2011). Effect of temperature on fast hydrogen diffusion in iron: A path-integral quantum dynamics approach, *Phys. Rev. B*, **83**, 094110.

常に高くなる), 原理的には平衡状態しかわからない. 拡散などの動力学には対応していないが, ビーズの重心の動きを時間平均した力で原子が動くと仮定すると, ある程度は正しい描像が得られるはずである. このような方法はセントロイド経路積分法といわれ, 水素の拡散などを扱うことができる. 図 3.55 (a) に Fe 中の水素の拡散を扱った例を示す. 拡散係数の温度変化が実験と傾向が一致するので, 量子効果が正しく得られていることがわかる. 量子化された状態を取り入れた, 経験的なポテンシャル関数を使った古典分子動力学計算でもある程度良い結果が得られるが, 本質的な扱いではない. 粒界などの影響を取り入れれば, より現実の世界を描くことができる.

3.6.7 吸着, 触媒, 化学反応

表面あるいは界面では, バルクとは異なる種々の興味ある現象が多い. 例えば, 燃料電池の正極（水素極）では, 水溶液中の水素分子が Pt 電極に近づいて水素原子が表面に吸着し, それが電気化学反応で水素イオン（ヒドロニウムイオン）となり, 起電力が生じる. このようなヘテロな環境の現象を

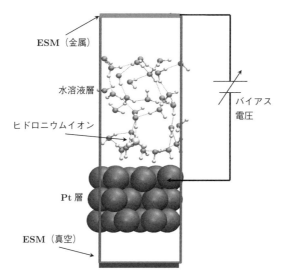

図 3.56 Pt/水界面での水素吸着のシミュレーションセル．有効遮蔽媒質（ESM：effective screening medium）法で電界をかける．

出典：Otani M. et al. (2008). Electrode dynamics from first principles, J. Phys. Soc. Jpn., **77**, 024802.

計算科学的に解析するには，一般に，水溶液層と Pt 層からなる図 3.56 のようなスラブモデルを使う．粒界のような場合は，異なる，あるいは同じ物質の接合面を作って計算される．第一原理計算ではこの図のように小さなセルに入る大きさしか計算できないが，古典分子動力学ではより大きな系で計算できる．ここでの化学反応あるいは原子の移動などは，電界をかけることで自動的に起こることもあるし，またブルームーンアンサンブル法や NEB（nudged elastic band）法など原子を強制的に動かして追跡し[92]，反応や拡散の活性化エネルギーなどを計算できる．図 3.56 のように不均一な電界をかけることもできるし，系全体に均一な電界をかけることもできる．水素原子からの水素分子生成のように基礎科学としてもまた実用的にも重要な反応は，水素の量子的なトンネル効果を入れての解析も可能である[103]．

3.6.8 水素の量子化

（1）水素の波動関数

　固体中では，水素原子は周りから受ける場の中を運動している．このよう

第 3 章　多面的な水素の解析

な場合は，この場がわかれば水素の Schrödinger 方程式を解くことで水素の波動関数がわかり，中性子などの散乱実験と比較できるデータが得られる．水素にかかるポテンシャルを求めるには，水素をその平衡位置からその周辺の多くの点に動かして，そのときの全エネルギーを第一原理的に計算して求める[102,106]．そのとき他の原子については，その位置を最適化する場合としない場合がある．

　代表的な水素吸蔵合金である $LaNi_5$ 中での水素のポテンシャル場から計算された波動関数の 3 次元図を図 **3.57**（a）に示す．ある場の中の波動関数を求めるには，電子のように適当な軌道（例えば平面波）の線形結合で表して，それを最適化すればよい．差分法や有限要素法で解くこともできる．このような方法で励起状態の波動関数が得られると，中性子での非弾性散乱の様子を予測することができる．

（2）経路積分法

　量子状態を求める方法は，Schrödinger 方程式を解くのが現在では（少なくとも物質の世界では）一般的であるが，それと等価な方法はいくつか知られていて，その 1 つが経路積分法である．それによると，ある温度場での 1 個の量子は統計力学的には，図 3.55（b）のように 1 粒子を P 個のビーズの繋がったネックレスと見なすことと等価である．そのビーズ間は $M_I P(k_B T/\hbar)$ のばね定数をもつばねで結ばれ，各ビーズはその位置での外場で動く．これは統計力学的に意味のある表示であり，時間変化を保証はしていない．これは分子動力学計算と一緒に計算できるので，簡単に原子の量子性を入れることができる．計算負荷は P 倍に増えるが，各ビーズの系は独立に計算できるので，並列計算が容易である．いくつのビーズに分けるかは，粒子の質量が小さいほど，また温度が低いほど多くする必要がある．

3.6.9　おわりに

　最近では材料開発の現場において，実験的な検討だけでなく原子・分子レベルの計算科学を併用することが多くなった．また，学術誌へ掲載される実験ベースの論文においても，計算が併用されていることが多い．計算科学は，実験結果の正当性の評価に使われたり，実験ではわからないところ，実験できない領域への考察に使われる．このことは，計算機の進歩で，より大

146

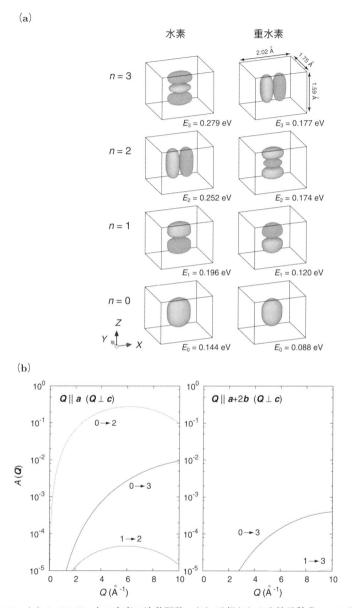

図 3.57 (a) LaNi$_5$H$_7$ 中の水素の波動関数，(b) 予想される中性子散乱スペクトル．

出典：Kaneko T. *et al.* (2010). Quantum state of hydrogen in LaNi$_5$, *Phys. Rev. B*, **81**, 184302.

第3章 多面的な水素の解析

規模・高速になっただけでなく，計算手法が進歩し計算結果の信頼性が高まったことによる．例えば，励起スペクトルの計算が困難であったのが時間依存 DFT （TDDFT：time dependent DFT）でより簡単にできるようになり，またこれまで van der Waals 相互作用の計算が DFT はできないといわれていたのが，最近ではそれを入れた計算が普通になりつつある．しかし，アモルファスや混合物のように長距離の構造がある系に対しては，単なる大規模化でなく本質的な対応が期待されている．同じく，濃度一定でなく化学ポテンシャル一定の系への対応も求められている．このように，図3.53に示した熱力学的な性質の計算が原子・分子レベルで求められている．

また実験家との直接の協調が増えてきたが，計算サイドから見れば，計算結果を生かした材料開発はまだ不十分といえる．原子・分子レベルの構造を示しても，それをどのように解釈して実際の材料に実現するかはまだ不十分である．実験サイドから見れば，計算が直接的な回答を与えてないことになる．実験家は，これまでの経験から試行錯誤的に何が重要であるか，どのよう方向から材料開発したらいいかがわかっていることが多い．計算にはこのような思考の裏付けが求められているが，膨大な計算量になることが多い．最近では，このようなことを情報工学の立場から解決しようとするマテリアルインフォマティクスが強調されている．多くのパラメータの組み合わせの中から最適なものを選んだり，機能を解明することに応用しようとしている．以上のように，計算科学に期待されるところは非常に大きいが，解決すべき課題も多い．

文　献

[1] 藤田大介 (1991)．昇温脱離法による吸着・脱離過程の解明，表面技術，**42**，pp.815-820.

[2] Takai K. and Watanuki R.(2003). Hydrogen in trapping states innocuous to environmental degradation of high-strength steels, *ISIJ International*, **43**, pp.520-526.

[3] Takai K. *et al.* (2008). Lattice defects dominating hydrogen-related failure of metals, *Acta Materialia*, **56**, pp.5158-5167.

[4] Doshida T. *et al.* (2013). Hydrogen-enhanced lattice defect formation and hydrogen embrittlement of cyclically prestressed tempered martensitic steel, *Acta Materialia*, **61**, pp.7755-7766.

[5] 南雲道彦 (2008). 『水素脆性の基礎』, 内田老鶴圃, pp.19-47.

[6] 深井有 (1998). 『水素と金属』, 内田老鶴圃, pp.38-115.

[7] 高井健一 他 (2013). 水素ガス暴露および電解チャージによる冷間圧延純鉄中の水素存在状態変化, 日本金属学会誌, **77**, pp.615-621.

[8] 鈴木啓史, 福島寛登, 高井健一 (2015). 純チタンの水素脆化における水素化物および固溶水素の役割, 日本金属学会誌, **79**. pp.82-88.

[9] 草開清志 他 (1987). 鉄中に捕捉されたトリチウムの昇温脱離挙動, 日本金属学会誌, **51**, pp.174-180.

[10] 高井健一 他 (2008). Inconel 625 と SUS 316 L の水素昇温脱離特性と電解チャージによる高圧水素ガス環境の模擬, 日本金属学会誌, **72**, pp.448-456.

[11] Suzuki H. and Takai K. (2012). Summary of round-robin tests for standardizing hydrogen analysis procedures, *ISIJ International*, **52**, pp.174-180.

[12] Yamaguchi T. and Nagumo M. (2003). Simulation of hydrogen thermal desorption under reversible trapping by lattice defects, *ISIJ International*, **43**, pp.514-519.

[13] 高井健一 (2011). 水素存在状態と水素脆性, 材料と環境, **60**, pp.230-235.

[14] Doshida T. and Takai K. (2014). Dependence of hydrogen-induced lattice defects and hydrogen embrittlement of cold-drawn pearlitic steels on hydrogen trap state, temperature, strain rate and hydrogen content, *Acta Materialia*, **79**, pp.93-107.

[15] 羽木秀樹 (1993). 転位と不純物によるトラップの影響を含まない鉄中の水素の拡散係数, 日本金属学会誌, **57**, pp.742-748.

[16] Hirth J. P. (1980). Effects of hydrogen on the properties of iron and steel, *Metallurgical Transactions A*, **11A**, pp.861-890.

[17] 羽木秀樹 (1993). 278〜318 K における炭素鋼中の水素の拡散係数とセメンタイト/フェライト界面の水素トラップ効果, 日本金属学会誌, **57**, pp. 864-869.

[18] Kaneko M., Doshida T. and Takai K. (2016). Changes in mechanical properties following cyclic prestressing of martensitic steel containing vanadium carbide in presence of nondiffusible hydrogen, *Materials Science & Engineering A*, **674**, pp.375-383.

[19] Thomas G. J. (1981). Hydrogen trapping in FCC metals, *Hydrogen Effects in Metals*, (Bernstein I.M. and Thompson A.W., ed.), pp.77-85.

[20] Sakaki K. *et al.* (2006). The effect of hydrogen on vacancy generation in iron by plastic deformation, *Scripta Materialia*, **55**, pp.1031-1034.

[21] Haider M. *et al.* (1998). Electron microscopy image enhanced, *Nature*, **392**, pp.768-769.

[22] Muller D. A. (2009). Structure and bonding at the atomic scale by

第3章 多面的な水素の解析

scanning transmission electron microscopy, *Nature Mater.*, **8**, pp.263-270.

[23] 阿部英司 (2010). 電子顕微鏡における収差補正技術開発の世界的動向と日本の現状, 科学技術動向, **116**, pp.9-22; http://data.nistep.go.jp/dspace/handle/11035/2198 (2017 年 10 月 1 日参照).

[24] Krivanek O. L. *et al.* (1999). Towards sub-Å electron beams, *Ultramicroscopy*, **78**, pp.1-11.

[25] Rose H. (1990). Outline of a spherically corrected semiaplanatic medium-voltage transmission electron microscope, *Optik*, **85**, pp.19-24.

[26] 沢田英敬, 三宮工, 細川史生 (2005). 球面収差補正 TEM および STEM, セラミックス, **40**, pp.908-913.

[27] 岡山重夫 (2007). 多極子レンズによる収差補正技術の実用化：荷電粒子光学における技術革新, 応用物理, **76**, pp.1142-1149.

[28] Crewe A. V., Wall J. and Langmore J. (1970). Visibility of single atoms, *Science*, **168**, pp.1338-1340.

[29] Howie A. (1979). Image contrast and localized signal selection techniques, *J. Microscopy*, **117**, pp.11-23.

[30] Pennycook S. J. and Boatner L. A. (1988). Chemically sensitive structure-imaging with a scanning transmission electron microscope, *Nature*, **336**, pp.565-567.

[31] 阿部英司 (2010). 最先端電子顕微鏡による局所構造・組成評価, 応用物理, **79**, pp.293-297.

[32] Nellist P. and Pennycook S. J. Ed. (2011). *Scanning Transmission Electron Microscopy: Imaging and Analysis*, Springer.

[33] 阿部英司, 石川亮 (2012). 相反定理に基づく環状明視 STEM 結像の考察, 顕微鏡, **47**, pp.211-215.

[34] 幾原雄一 (2012). セラミックス界面の原子直視と軽元素観察—収差補正 STEM 法と理論計算融合—, 応用物理, **81**, pp.753-759.

[35] Oshima Y. *et al.* (2010). Direct imaging of lithium atoms in LiV2O4 by spherical aberration-corrected electron microscopy, *J. Electron Microsc.*, **59**, pp.457-461.

[36] Huang R. *et al.* (2011). Real-time direct observation of Li in $LiCoO_2$ cathode material, *Appl. Phys. Lett.*, **98**, 051913.

[37] Findlay S. D. *et al.* (2010). Direct imaging of hydrogen within a crystalline environment, *Appl. Phys. Express*, **3**, 116603.

[38] Ishikawa R. *et al.* (2011). Direct imaging of hydrogen-atom columns in a crystal by annular bright-field electron microscopy, *Nature Mater.*, **10**, p.278-281.

[39] Cowley J. M. (1969). Image contrast in a transmission scanning electron microscope, *Appl. Phys. Lett.*, **15**, p.58.

文　献

[40] Rose H. (1974). Phase contrast in scanning transmission electron microscopy, *Optik*, **39**, pp.416-436.

[41] Hanssen K. J. and Trepte L. (1971). Die Kontrastübertragung im elektronemikroskop bei partiell kohärentercbeleuchtung (in German), *Optik*, **33**, p.166.

[42] Rose H. (1977). Nonstandard imaging methods in electron microscopy, *Ultramicroscopy*, **2**, pp.251-267.

[43] Dinges C., Kohl H. and Rose H. (1994). High-resolution imaging of crystalline objects by hollow-cone illumination, *Ultramicroscopy*, **55**, pp.91-100.

[44] 例えば Mathews W. W. (1953). The use of hollow-cone illumination for increasing image contrast in microscopy, *Trans. Am. Microsc. Soc.*, **2**, pp.190-195.

[45] Jia C. L. and Urban K. (2004). Atomic-resolution measurement of oxygen concentration in oxide materials, *Science*, **303**, pp.2001-2004.

[46] Meyer J. C. *et al.* (2008). Imaging and dynamics of light atoms and molecules on graphene, *Nature*, **454**, pp.319-322.

[47] Kisielowski C. *et al.* (2009). in *Frontiers of Characterization and Metrology for Nanoelectronics* (Seiler D. G., Diebold A. C., McDonald R., Garner C. M., Herr D., Khosla R. P., Secula E.M. eds.), *American Institute of Physics Conference Proceedings*, **1173**, pp.231-241.

[48] Yürüm, Y. (1994). *Hydrogen Energy System, Utilization of Hydrogen and Future Aspects*, Kluwer Academic Publishers.

[49] Findlay S. D. *et al.* (2010). Dynamics of annular bright field imaging in scanning transmission electron microscopy, *Ultramicroscopy*, **110**, pp.903-923.

[50] Yoshida H. *et al.* (2012). Visualizing gas molecules interacting with supported nanoparticulate catalysts at reaction conditions, *Science*, **335**, pp.317-319.

[51] Shibata N. *et al.* (2012). Differential phase-contrast microscopy at atomic resolution, *Nature Phys.*, **8**, pp.611-615.

[52] Pennycook T. *et al.* (2015). Efficient phase contrast imaging in STEM using a pixelated detector. Part 1: Experimental demonstration at atomic resolution, *Ultramicroscopy*, **151**, pp.160-167.

[53] http://nanonet.mext.go.jp（2017年10月1日参照）.

[54] 白井泰治 (1988). 陽電子消滅による金属中の空孔およびその集合体の研究, 日本金属学会会報, **27**, pp.869-877.

[55] Sakaki K. *et al.* (2002). Hydrogen-induced vacancy generation phenomenon in pure Pd, *Materials Transactions*, **43**, pp.2652-2655.

第3章 多面的な水素の解析

[56] 白井泰治 (1992). 陽電子計測の応用 2. 金属, 金属間化合物の研究, *RA-DIOISOTOPES*, **41**, pp.663-670.

[57] 白井泰治 (1996). 金属間化合物中の構造欠陥, まてりあ, **35**, pp.117-121.

[58] Shirai Y. *et al.* (1988). Order-disorder transformation and vacancies in Cu_3Au studied by positron lifetime spectroscopy. *Proc. 8th Int. Conf. on Positron Annihilation* (Dorikens-Vanpraet L., Dorikens M. and Segers D., ed.), World Scientific, pp.488-490.

[59] Chalermkarnnon P., Araki H. and Shirai Y. (2002). Excess vacancies induced by order-disorder transformation in Ni_3Fe, *Materials Transaction*, **43**, pp.1486-1488.

[60] 白井泰治 (2006). 陽電子で見るアルミニウム合金中の原子空孔挙動, 軽金属, **56**, pp.629-634.

[61] Shirai Y. *et al.* (2002). Positron annihilation study of lattice defects induced by hydrogen absorption in some hydrogen storage materials, *J. Alloys and Compounds*, **330-332**, pp.125-131.

[62] Fukai Y. and Okuma N. (1994). Formation of superabundant vacancies in Pd hydride under high hydrogen pressure, *Phys. Rev. Lett.*, **73**, pp.1640-1643.

[63] Sakaki K. *et al.* (2006). The effect of hydrogenated phase transformation on hydrogen-related vacancy formation in $Pd_{1-x}Ag_x$ alloy, *Acta Materialia*, **54**, pp.4641-4645.

[64] Lanford W. A. (1992). Analysis for hydrogen by nuclear reaction and energy recoil detection, *Nucl. Instr. Meth. Phys. Res. B,* **66**, pp.65-82.

[65] Tesmer J. R. and Nastasi M. (eds.) (1995). *Handbook of Modern Ion Beam Materials Analysis*, Materials Research Society.

[66] 城戸義明 (2010). 弾性反跳法 (ERDA) による表面水素の定量, *J. Vac. Soc. Jpn.*, **53**, pp.608-613.

[67] Wilde M. and Fukutani K. (2014). Hydrogen detection near surfaces and shallow interfaces with resonant nuclear reaction analysis, *Surf. Sci. Rep.*, **69**, pp.196-295.

[68] Cohen B. L., Fink C. L. and Degnan J. H. (1972). Nondestructive analysis for trace amounts of hydrogen, *J. Appl. Phys.*, **43**, p.19.

[69] Lanford W. A. (1978). ^{15}N hydrogen profiling: scientific applications, *Nucl. Instr. Meth.*, **149**, pp.1-8.

[70] Ueda K., Ishikawa K. and Yoshimura M. (1997). Two-dimensional hydrogen analysis by time-of-flight-type electron-stimulated desorption spectroscopy, *Jpn. J. Appl. Phys.*, **36**, L1254.

[71] SIMNRA, http://home.mpcdf.mpg.de/~mam/ (2017 年 10 月 1 日参照).

[72] Ozeki K. *et al.* (2013). Influence of the source gas ratio on the hydrogen

and deuterium content of a-C:H and a-C:D films: Plasma-enhanced CVD with CH_4/H_2, CH_4/D_2, CD_4/H_2 and CD_4/D_2, *Appl. Surf. Sci.*, **265**, pp.750-757.

[73] Dieumegard D., Dubreuil D. and Amsel G. (1979). Analysis and depth profiling of deuterium with the $D(^3He, p)$ ^4He reaction by detecting the protons at backward angles, *Nucl. Instr. Meth.*, **166**, pp.431-445.

[74] Fukutani K. *et al.* (1999). Hydrogen at the surface and interface of metals on Si (111), *Phys. Rev. B*, **59**, 13020.

[75] Tanaka K. *et al.* (2010). Visualization of hydrogen on Ti-6Al-4V using hydrogen microscope, *Mater. Trans.*, **51**, pp.1354-1356.

[76] Kimura K., Nakajima K. and Imura H. (1998). Hydrogen depth profiling with sub-nm resolution in high-resolution, *Nucl. Instr. Meth. Phys. Res. B*, **140**, pp.397-401.

[77] Sekiba D. *et al.* (2011). Development of micro-beam NRA for hydrogen mapping: observation of fatigue-fractured surface of glassy alloys, *Nucl. Instr. Meth. Phys. Res. B*, **269**, pp.627-631.

[78] Wang T. *et al.* (2002). A new Ti/H phase transformation in the $H_2{}^+$ titanium alloy studied by x-ray diffraction, nuclear reaction analysis, elastic recoil detection analysis and scanning electron microscopy, *J. Phys.: Condens. Matter*, **14**, 11605.

[79] Ishigami R. *et al.* (2005). ERDA with 15 MeV ^4He ions under atmospheric pressure, *Nucl. Instr. Meth. Phys. Res. B*, **241**, pp.423-427.

[80] Yonemura H. *et al.* (2011). Depth profiling of hydrogen under an atmospheric pressure,*Nucl. Instr. and Meth. Phys. Res. B*, **269**, pp.632-635.

[81] Wilde M. and Fukutani K. (2008). Penetration mechanisms of surface-adsorbed hydrogen atoms into bulk metals: Experiment and model, *Phys. Rev. B*, **78**, 115411.

[82] Ogura S., Okada M. and Fukutani K. (2013). Near-surface accumulation of hydrogen and CO blocking effects on a Pd-Au alloy, *J. Phys. Chem. C*, **117**, pp.9366-9371.

[83] 門野良典 他 (2013).『量子ビーム物質科学』, KEK 物理学シリーズ 6, 共立出版.

[84] Prince E. (2006). *International Tables for Crystallography*, Vol. C, Springer, ch. 6.1, pp.554-590.

[85] Sears V. F. (1992). Neutron scattering lengths and cross sections, *Neutron News*, **3**, pp.26-37.

[86] Sivia D. S. 著, 竹中章郎, 藤井保彦 訳 (2014).『X 線・中性子の散乱理論入門』, 森北出版.

[87] 野田幸男 (2017).『結晶学と構造物性—入門から応用, 実践まで』, 内田老鶴圃.

[88] Egami T. and Billinge S. L. J. (2012). *Underneath the Bragg Peaks-*

第 3 章 多面的な水素の解析

Structural Analysis of Complex Materials, Elsevier.

[89] 宇田川康夫 編 (1993).『X 線吸収微細構造—XAFS の測定と解析—』，日本分光学会測定法シリーズ 26, 学会出版センター.

[90] 石川忠男 (1994).『EXAFS の基礎—広域 X 線吸収微細構造—』，裳華房.

[91] 太田俊明 編 (2002).『X 線吸収分光法—XAFS とその応用—』，アイピーシー.

[92] 川添良幸，池庄司民夫 他 (2006).『ナノシミュレーション技術ハンドブック』，共立出版.

[93] Hohenberg P. and Kohn W. (1964). Inhomogeneous electron gas, *Phys. Rev.* **136**, B864.

[94] Kohn W. and Sham L. J. (1965). Self-consistent equations including exchange and correlation effects, *Phys. Rev.*, **140**, A1133.

[95] Perdew J. P., Burke K. and Ernzerhof M. (1996). Generalized gradient approximation made simple, *Phys. Rev. Lett.*, **77**, pp.3865-3868.

[96] Laasonen K. *et al.* (1993). Car-parrinello molecular dynamics with vanderbilt ultrasoft pseudopotentials, *Phys. Rev. B*, **47**, 10142.

[97] Blöchl P. E. (1994). Projector augmented-wave method, *Phys. Rev. B*, **50**, 17953.

[98] Ohba N. *et al.* (2004). First-principles study on thermal vibration effects of MgH_2, *Phys. Rev. B*, **70**, 035102.

[99] Miwa K. and Fukumoto A. (2002). First-principles study on $3d$ transition-metal dihydrides, *Phys. Rev. B*, **65**, 155114.

[100] Baroni S. *et al.* (2001). Phonons and related crystal properties from density-functional perturbation theory, *Rev. Mod. Phys.*, **73**, pp.515-562.

[101] Takagi S. *et al.* (2015). True boundary for the formation of homoleptic transition-metal hydride complexes, *Angew. Chem. Int. Ed.*, **54**, pp.5650-5653.

[102] Wen M. *et al.* (2001). Embedded-atom-method functions for the body-centered-cubic iron and hydrogen, *J. Mater. Res.*, **16**, pp.3496-3502.

[103] 尾澤伸樹，坂上護，笠井秀明 (2010). 水素と固体表面の相互作用, *J. Vac. Soc. Jpn.*, **53**, pp.592-601.

[104] Otani M. *et al.* (2008). Electrode dynamics from first principles, *J. Phys. Soc. Jpn.*, **77**, 024802.

[105] 志賀基之 (2011). Abinitio 経路積分法：量子多体系の第一原理計算, *Molec. Sci.*, **5**, A0038.

[106] Kimizuka H., Mori H. and Ogata S. (2011). Effect of temperature on fast hydrogen diffusion in iron: A path-integral quantum dynamics approach, *Phys. Rev. B*, **83**, 094110.

[107] Kaneko T. *et al.* (2010). Quantum state of hydrogen in LaNi5, *Phys. Rev. B*, **81**, 184302.

索　引

【元素記号】

Ag, 5, 31, 33, 101, 106, 112
Al, 95, 101
Au, 48, 97, 99, 118
Cl, 124, 125
Co, 125, 129
Cr, 1, 18
Cu, 5, 97, 99
Fe, 18, 63, 69, 76, 95, 122, 125, 128-130, 142-144
Ir, 51
K, 124, 125, 128, 129
Li, 8
Mg, 8, 41, 43, 44
Mn, 1
Mo, 1, 18
Na, 8
Nb, 5
Ni, 18, 19, 71, 105, 125, 142, 143
Pd, 5, 31-33, 94, 104, 116, 118, 119
Pt, 46-49, 51, 53, 54, 144
Ta, 5
Ti, 62, 142, 143
V, 5, 70, 75, 128, 142, 143
Zr, 5, 142

【材　料】

A718, 19
Al 合金, 2, 22
Al-Cu 合金, 100
Al_2O_3, 101
$Au_{30}Pd_{70}$ 合金, 118
AuPd 合金, 119
$Bi_4Ge_3O_{12}$, 114

Cu 合金, 2
Cu_3Au 合金, 96, 98, 99
KCl, 123-125
$LaNi_5$, 36, 41-43, 101-103, 146
$LiBH_4$, 9
Mg_3CrH_8, 141
MgH_2, 41, 139
$NaAlH_4$, 9
NaCl, 91, 123, 124
NaI, 114
NH_3, 8
Ni_3Fe 合金, 99
Pd-Ag 合金, 24, 28, 30-32, 106
Pt 合金, 11, 48
SUS304L, 18
SUS316L, 18
SUS420, 18
SUS630, 18
Ti-6Al-4V 合金, 113
Ti 塩, 9
Ti 合金, 22
ZrH_2, 143
$ZrMn_2$, 104

【用　語】

■英数・数字

AFM, 51
Arrhenius の式, 32
DSC, 41
DTA, 41
ECSA, 48
EXAFS, 129
Fick の第一法則, 28
GDE, 52
PCTF, 82

索 引

PCT 曲線, 31, 36
PEFC, 10, 46
Sieverts の法則, 29
Sieverts 法, 36
SSRT, 16
TDA, 61
TDS, 61
TG, 41
TPD, 61
van't Hoff プロット, 40
XAFS, 125, 128
XANES, 129
X 線, 115, 121

■ア行
アノード, 11, 46, 53
暗視野, 80
イオンビーム, 108
イメージング, 80
液体水素, 1, 3, 8, 15
液体水素用材料, 21
エネルギー効率, 10
延性, 1, 15, 18
エンタルピー, 32, 40, 62, 96
エントロピー, 32, 40, 139

■カ行
回折, 80, 122, 131
界面, 53, 70, 112, 138
化学反応, 6, 32, 131, 138
拡散, 3, 4, 8, 11, 27, 28, 63, 143
拡散方程式, 28, 34
核反応, 108
カソード, 11, 53
活性化エネルギー, 32, 44, 67, 140
キャリアガス, 6, 61
吸着, 2, 8, 47, 85, 113, 144
吸着水素, 49
強度, 1, 15, 87, 95, 141
クラスター, 138
計算科学, 134

欠陥, 2, 45, 62, 78, 90
結晶構造, 1, 18, 121, 135
原子核, 108, 111, 134
高圧ガス保安法, 2
高圧水素用材料, 15
勾配, 28
固体系水素貯蔵材料, 8
固体高分子形燃料電池, 10
固溶, 5, 40, 73, 101

■サ行
サイクル特性, 44
錯イオン, 8
散乱, 80, 115, 122
散乱波, 82
示差走査熱量測定, 41
示差熱分析, 41
質量分析, 41, 63
シミュレーション, 56, 66, 85, 135
収差補正, 79, 80
寿命, 19, 76, 93
状態方程式, 26, 38
触媒, 5, 11, 46, 116
触媒表面, 46
水素イオン, 12, 46, 113
水素ガス, 1, 6, 9, 15, 36
水素ガス脆化, 2
水素機能材料, 1
水素原子, 2, 4, 8, 27, 29, 39, 46, 62, 80,
　　85, 134, 139
水素ステーション, 1, 15
水素貯蔵材料, 8
水素透過材料, 3, 5, 24
水素化物, 8, 40, 85, 105, 141
水素分子, 2, 8, 29, 46, 49, 62, 145
水素溶解度係数, 32
水素用構造材料, 1, 15
ステンレス鋼, 2, 18
脆化, 2, 5, 15, 69, 107
生成熱, 40, 135
成膜, 25

156

索　引

相対湿度, 51
塑性, 2, 20, 73, 98
空孔, 2, 73, 90
空孔集合体, 99

■タ行
第一原理, 135
脱離, 47, 61, 85, 108, 113
炭素鋼, 1, 22
炭素繊維, 2
中性子, 46, 108, 121, 146
貯蔵密度, 7, 8
粒界, 75, 78
低合金鋼, 1, 18, 22
鉄鋼, 2, 22
転移, 41
電解質膜, 49
電気化学, 6, 46
電気化学的表面積, 48
電子, 12, 91, 108, 122, 134
電子顕微鏡, 54, 78, 96, 108
電子状態, 79, 108, 134
電子線回折, 108
電子ビーム, 78, 108
同位体, 108
透過電子, 78
透過波, 82
特性 X 線, 79
トラップ, 62, 65
トンネル効果, 145

■ナ行
熱重量分析, 41
燃料電池, 3, 10, 15, 46, 144
昇温脱離, 61

■ハ行
破壊, 2, 22

発電, 10
波動関数, 136, 146
ひずみ, 2, 15, 76, 105
引張試験, 15, 16, 68
被毒, 5, 7, 45
表面, 2, 5, 8, 11, 27, 47, 63, 91, 101, 108, 144
疲労, 1, 19
フォノン, 134, 140
不純物, 4-6, 45
腐食, 53
物質輸送, 12
フラックス, 27
プロトン, 11, 46
分子動力学, 134
平衡, 36, 70, 144
平衡定数, 6, 32
ボイド, 96
放射光, 121
膨張, 5
ポテンシャル, 34, 63, 87, 116, 118, 137

■マ行
密度汎関数, 135, 138
明視野, 80

■ヤ行
溶解度, 4, 29, 32
容積法, 36
溶接, 19, 23
陽電子, 76, 91

■ラ行
リーク, 12, 20, 25, 49
律速, 27, 44, 64
流束, 27
量子, 121, 134, 146
劣化, 5, 12, 45, 77

157

〈編著者紹介〉

折茂慎一（おりも　しんいち）
1995 年　広島大学大学院生物圏科学研究科（物理系）博士課程修了
現　　在　東北大学材料科学高等研究所（デバイス・システムグループ）／金属材料研究所（水素機能材料工学研究部門）教授
　　　　　博士（学術）
専　　門　材料工学，材料化学，高密度水素化物

犬飼潤治（いぬかい　じゅんじ）
1992 年　東京大学大学院理学系研究科博士課程修了
現　　在　山梨大学大学院総合研究部工学域物質科学系（クリーンエネルギー研究センター，燃料電池ナノ材料研究センター）教授
　　　　　博士（理学）
専　　門　電極表面科学，燃料電池

水素機能材料の解析
― 水素の社会利用に向けて ―
Analysis of Hydrogen Functional Materials

2017 年 12 月 25 日　初版 1 刷発行
2020 年 3 月 25 日　初版 2 刷発行

編　者　日本学術振興会
　　　　材料中の水素機能解析技術　ⓒ 2017
　　　　第 190 委員会

編著者　折茂慎一・犬飼潤治

発行者　南條光章

発行所　共立出版株式会社
　　　　〒112-0006
　　　　東京都文京区小日向 4-6-19
　　　　電話番号　03-3947-2511（代表）
　　　　振替口座　00110-2-57035
　　　　www.kyoritsu-pub.co.jp

印　刷　大日本法令印刷
製　本　協栄製本

一般社団法人
自然科学書協会
会員

検印廃止
NDC 501.6
ISBN 978-4-320-04453-1

Printed in Japan

JCOPY ＜出版者著作権管理機構委託出版物＞
本書の無断複製は著作権法上での例外を除き禁じられています．複製される場合は，そのつど事前に，出版者著作権管理機構（TEL：03-5244-5088，FAX：03-5244-5089, e-mail：info@jcopy.or.jp）の許諾を得てください．